AF626313

Tafel I. — Ein Mondkrater.

Naturwissenschaftliche Elementarbücher.

Astronomie

von

N. Lockyer,

Mitglied der königl. Gesellschaft in London.

Deutsche Ausgabe

besorgt von

A. Winnecke.

Durchgesehen von

E. Becker,

Professor und Direktor der Kais. Universitäts-Sternwarte zu Straßburg.

Siebente, durchaus umgearbeitete, verbesserte und vermehrte Auflage.

Mit Abbildungen.

Straßburg und Berlin.

Verlag von Karl J. Trübner.

1906.

Druck von M. DuMont Schauberg, Straßburg.

Vorwort zur deutschen Ausgabe.

Die Lehren der Sternkunde werden meistens nur für wahr gehalten und nicht als Wahrheiten mit dem Verstande erkannt. Der Grund hierfür liegt hauptsächlich darin, daß die ersten Begriffe derselben nicht schon im jugendlichen Alter in der Volksschule beigebracht werden. Ein faßliches Handbuch der Sternkunde für die Volksschule wird vielleicht zu einer Besserung dieses unerfreulichen Zustandes Veranlassung geben.

Die vorliegende deutsche Bearbeitung der Astronomie von Lockyer, welche zugleich die neuesten Ergebnisse der Wissenschaft enthält, dürfte als ein solches Handbuch zu betrachten sein.

Straßburg, Juni 1877.

A. Winnecke,
Professor an der Universität.

Vorwort zur siebenten Auflage.

Bei der im Jahre 1893 besorgten Ausgabe hatte der Unterzeichnete sich darauf beschränken müssen, die neueren Resultate der Forschung, soweit sie überhaupt in den Rahmen dieses elementaren Lehrbuchs der Astronomie passen, an geeigneter Stelle einzufügen und im übrigen nur hie und da kleine Berichtigungen und formelle Änderungen vorzunehmen. Nachdem sich jetzt das Bedürfnis einer neuen Auflage wieder geltend gemacht hat, erschien es angezeigt, das ganze Werkchen einer eingehenden Durchsicht zu unterziehen. Dabei fanden sich nicht nur mancherlei Schwerfälligkeiten in der Ausdrucksweise, sondern auch mehrfach Unklarheiten, die aus dem äußerlich zu engen Anschluß an das englische Original entsprungen waren. In dieser Hinsicht darf die neue Ausgabe als eine wesentlich verbesserte bezeichnet werden; daß auch die wissenschaftlichen Fortschritte wiederum gebührend berücksichtigt sind, braucht kaum hervorgehoben zu werden.

Möge das kleine Werkchen auch in dieser neuen Gestalt sich einer beifälligen Aufnahme in pädagogischen Kreisen erfreuen und neben seinen alten Freunden sich zahlreiche neue erwerben; möge es insbesondere seine Bestimmung erfüllen, schon der frühen Jugend die Grundlehren der Sternkunde zum klaren Verständnis zu bringen und den Sinn für die Erhabenheit des Weltalls und für seine ewigen Gesetze zu wecken!

Straßburg, Januar 1906.

E. Becker,
Professor an der Universität.

Inhalt.

Verzeichnis der Abbildungen.

Astronomie.

Einleitung.

1. Stellen wir uns vor, ein kleines Kind habe sein Haus noch nie verlassen, auch noch nicht durch das Fenster geschaut, so wird dieses Kind auch keine Kenntnis von der Gegend haben, worin es wohnt, sondern es wird meinen, sein Haus sei die ganze Welt. Wenn aber dieses Kind größer geworden ist, so daß es hinaus ins Freie kann, dann wird es auch die Nachbarhäuser, die ganze Straße, endlich die ganze Stadt oder das ganze Dorf und die nächste Umgebung kennen lernen.

2. Nun kennt es schon einen größeren Teil der Welt, aber die ganze Welt noch lange nicht. Denn außer seinem Wohnorte gibt es in dessen Umkreis noch viele Orte, und diese bilden zusammen einen Kreis oder Bezirk. An diesen einen Bezirk stoßen aber noch andere, jeder wieder mit vielen Städten und Dörfern, und sie zusammen bilden ein Land. Der Länder liegen aber wieder viele neben einander, z. B. Elsaß-Lothringen, Baden, Württemberg, Bayern, Sachsen, Preußen. Dieses sind sämtlich deutsche Länder; denn sie gehören alle zum Deutschen Reiche.

3. Die jungen Leser dieses Buches haben im geographischen Unterricht dies gewiß schon alles gelernt; aber es wird gut sein, wenn jeder, ehe wir weiter gehen, folgende Fragen beantwortet:

1) In welcher Straße liegt dein Haus?
2) Welchem Orte gehört diese Straße an?
3) In welchem Bezirke (Kreis 2c.) liegt dieser Ort?
4) Zu welchem Lande gehört dieser Bezirk?
5) Zu welchem Reiche gehört dieses Land?

4. Wir sehen daraus, daß unser Wohnhaus nur einen sehr kleinen Teil des Deutschen Reichs ausmacht. Das Deutsche Reich ist aber selbst nur ein kleiner Teil der Welt; denn neben ihm liegen noch andere Reiche: Frankreich, Österreich, Italien, Rußland, und diese Reiche bilden mit noch mehreren anderen den Erdteil Europa.

5. Es gibt aber, wie wir aus der Geographie wissen, fünf Erdteile, nämlich außer dem genannten noch Asien, Afrika, Amerika und Australien. Das sind die großen Flächen trockenen Landes, die mit den Meeren die ganze Oberfläche unserer Erde ausmachen.

6. Wir haben nun, indem wir vom Vaterhause ausgehend unseren Blick immer weiter lenkten, folgende Reihe erhalten: Wohnhaus, Straße, Wohnort, Bezirk, Land, Reich, Erdteil, Erde. Wenn man diese Reihe liest, so ist man fast versucht zu glauben, der Verfasser dieses Buches habe sich in dem Titel geirrt, und es müsse auf dem ersten Blatt statt „Astronomie“ heißen „Geographie“; sind doch die hier vorkommenden Namen durchweg geographische Begriffe. Allein, wo die Geographie aufhört, da fängt die Astronomie an; denn mit dem Worte „Erde“ ist obige Reihe noch nicht zu Ende, vielmehr erweitert die Astronomie unsere Vorstellung von der Welt noch über jenen Begriff hinaus.

7. Die Erde nämlich ist selbst wieder ein Himmels-

körper, wie es deren viele gibt; sie ist, wie die Astronomen sagen, ein Planet.

8. Gerade so wie man nun die Form und Größe unseres Wohnhauses, sowie dessen Lage in der Straße und im Orte genau bestimmen kann, ebenso hat man auch die Form und Größe der Erde und ihr Verhältnis zu den anderen Himmelskörpern zu bestimmen vermocht. Wir wollen im folgenden versuchen, uns über diese Dinge zu belehren, und wenn es uns gelingt, so wird uns auch das besser verständlich sein, was die Geographie über die Oberfläche der Erde sagt.

I. Die Erde und ihre Bewegungen.

§ 1. Die Erde ist rund.

9. Wir bewohnen also einen Planeten, der Erde genannt wird; aber wie ist dieser Planet gestaltet? Ist er flach oder gewölbt, viereckig oder rund? Befinden wir uns in einer bergigen Gegend und blicken nach irgend einer Richtung hin, so bemerken wir Hügel und Täler; besteigen wir diese Hügel, so kommen gewöhnlich noch mehr Hügel zum Vorschein, die die Aussicht von neuem beschränken. Sind wir in einem flachen Lande, so sehen wir, wie ringsum in weiter Ferne Himmel und Erde aneinander grenzen. Reisen wir, wohin wir wollen, überall finden wir diese Linie, in der sich die Oberfläche der Erde mit dem Himmel vereinigt, so daß wir versucht sind zu glauben, die Erde sei eine nahezu ebene Fläche von großer Ausdehnung.

10. Stellen wir jedoch unsere Beobachtungen an der Meeresküste oder auf hoher See an, wo nichts die Aussicht stört, so wird unsere Auffassung bald eine andere. Beobachten wir nämlich die Schiffe, die in der Ferne gerade beginnen, unserm Auge sichtbar zu werden, so erblicken wir zuerst nur den Mast; je mehr sie sich nähern, um so mehr erscheint von dem Rumpfe, bis er zuletzt ganz sichtbar ist (Fig. 1). Beobachten wir anderseits ein Schiff, das sich entfernt, so verschwindet zuerst der Rumpf.

Fig. 1. — Wie die Schiffe auf dem Meere erscheinen und verschwinden.

11. Was bedeutet dies? Wir wollen einen Versuch machen und einen flachen Tisch betrachten, auf dem zwei Fliegen sind, und sind keine Fliegen darauf, so stellen wir sie uns vor und denken, daß sie sich herumbewegen. Es ist klar, daß, so lange sie sich auf der Oberfläche des Tisches befinden, die eine der andern ganz sichtbar ist. Sie erscheinen einander kleiner, je weiter sie sich von einander entfernen, und größer, je näher sie sich kommen. Aber niemals tritt der Fall ein, daß ein Teil der Fliege verschwindet und nur die

anderen Teile sichtbar bleiben, wie wir es bei den Schiffen beobachtet haben. Deshalb ist die Oberfläche des Meeres nicht flach und eben wie die Oberfläche des Tisches.

12. Ein anderer Versuch. Nehmen wir diesmal eine Orange; eine Fliege stehe in A (Fig. 2) eine andere Fliege in B. Es ist klar, daß die Fliegen einander nicht sehen können, weil die Orange zwischen ihnen

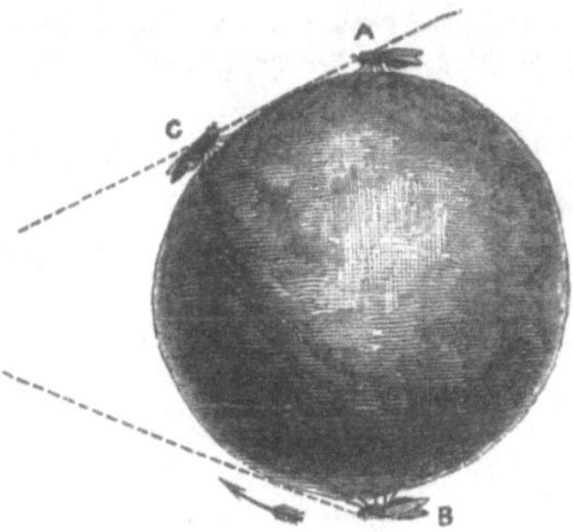

Fig. 2. — Orange mit Fliegen.

ist. Man nehme nun an, B bewege sich nach A hin; kommt sie nach C, so kann A gerade die Spitze von B's Kopf über den Rand der Orange hin erblicken, und B sieht über dem Rande die Spitze von A's Kopf. Mehr können sie voneinander noch nicht sehen, da die übrigen Teile von jeder Fliege immer noch durch die Orange verdeckt sind. Erst wenn B noch näher an A herankommt, wird eine Fliege der andern vollkommen sichtbar.

13. So haben wir mit Hilfe der runden Orange und der sich bewegenden Fliegen genau dargestellt,

was mit den Schiffen auf der Oberfläche der Erde vor sich geht.

14. Deshalb ist die Erde einer Kugel oder einer Orange vergleichbar, und sie ist nicht flach wie ein Tisch.

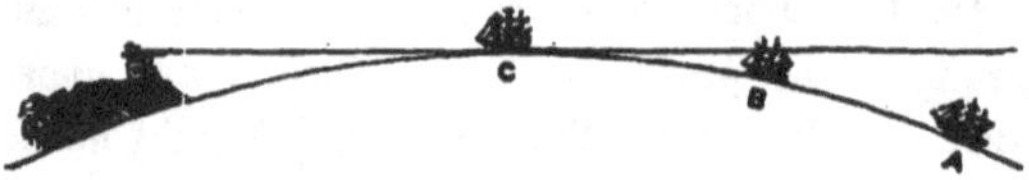

Fig. 3. — Zur Veranschaulichung der Art und Weise, wie Schiffe auf dem Meere sichtbar werden. Bei A ist das Schiff noch unsichtbar, bei B erscheinen die Spitzen der Maste, und bei C ist es ganz sichtbar.

15. So ist es nun verständlich, weshalb wir das Oberste eines Schiffes zuerst erblicken, und woher es kommt, daß, je höher wir steigen, wir um so weiter

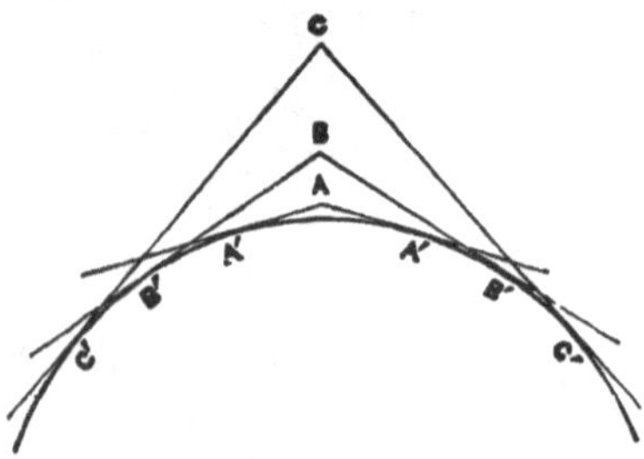

Fig. 4. — Je höher wir steigen, um so weiter sehen wir. Von der Höhe A ist die Grenze des Rundblicks bei A' A', von der Höhe B bei B' B' usw.

sehen. Wir sehen in jedem Fall bis zum Rande der Wölbung, und je höher wir uns über die Oberfläche erheben, um so entfernter ist dieser Rand, bis zu dem wir blicken können.

16. Wir dürfen uns aber nicht vorstellen, daß dieser Rand eine wirkliche Grenze bildet; da die Erde eine

Kugel ist, so weicht dieser scheinbare Rand stets zurück, je mehr wir vorrücken. Man vergegenwärtige sich dies mit Hilfe der Orange und der Fliegen.

§ 2. Die Erde ist sehr groß.

17. Wir haben eine Orange angewendet, um zu zeigen, daß die Erde eine Kugel ist. Man könnte dagegen einwenden: „Dies Beispiel ist schlecht gewählt; denn wenn die Erde auch rund ist wie eine Orange, so ist sie doch nicht so klein wie eine Orange." Oder auch: „Die Orange hat eine glatte Oberfläche, während auf der Erde hohe Berge und alle Arten von Unebenheiten vorkommen. Es ist wohl einleuchtend, daß die Oberfläche des Meeres gekrümmt ist; aber wenn ich hohe Berge und tiefe Täler sehe, verstehe ich doch nicht, wie man von solch einer unregelmäßigen Oberfläche als von einem Teile einer Kugel sprechen kann." Wir wollen versuchen, diesen Einwendungen auf den Grund zu gehen.

18. Fürs erste ist es klar, daß, wenn wir uns in gleicher Höhe über zwei Kugeln befinden, von denen die eine groß, die andere klein ist, die Gegend, wo ankommende und sich entfernende Gegenstände beginnen oder aufhören, dem Auge sichtbar zu sein, auf der größeren Kugel ferner liegen wird.

19. Wenn in Fig. 5 A die Höhe des Fliegenauges über der Orange B B darstellt, so wird die Linie A B die Entfernung des Randes bezeichnen, bei der die andere Fliege anfängt, sichtbar zu werden; dagegen wird diese Entfernung durch die Linie A C bestimmt werden, wenn sich die Fliegen auf einer Kugel befinden,

die in dem Maß größer ist, als der Kreis C C den Kreis B B an Größe übertrifft.

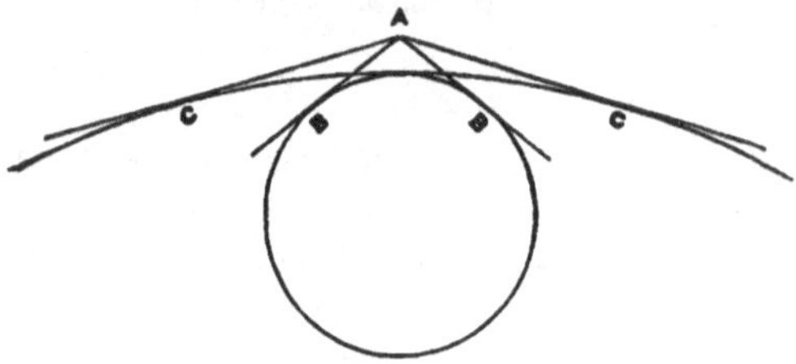

Fig. 5. — Je größer eine Kugel ist, um so weiter ist die Grenze des Rundblicks von einem bestimmten Punkte aus entfernt.

20. Stehen wir an der Küste des Meeres, so können wir viele Kilometer weit die See überblicken; es ist daher klar, daß die Erde sehr groß ist. Das wäre die Antwort auf den ersten Einwand. Die Erde hat in der Tat 12740 Kilometer im Durchmesser, d. h. eine gerade Linie von der Oberfläche durch den Mittelpunkt bis wieder zur Oberfläche ist 12740 Kilometer lang.

21. Wir werden nun auch leicht begreifen, daß die Erde trotz ihrer Berge in Wirklichkeit verhältnismäßig glatter ist als eine Orange. Es ist, wie wir sahen, die Oberfläche der Erde von ihrem Mittelpunkt ungefähr 6000 Kilometer entfernt. Die Höhe eines Berges von 6000 Meter macht daher nur den tausendsten Teil dieser Entfernung aus. Von diesem Betrag sind etwa die Unebenheiten des Papiers, mit dem ein größerer Schulglobus überzogen ist. Wie rauh würde aber eine Orange aussehen, wenn man sie sich bis zu einem Globus vergrößert denkt!

22. Das Vorhergehende hat dies gelehrt: 1) Nur in einer ebenen Gegend, an der Meeresküste oder auf hoher See, kann das Auge die wirkliche Form der Erde beurteilen; 2) selbst da, wo die Oberfläche sehr uneben oder gebirgig ist, ist die Rundung vorhanden; obgleich wir sie nicht unmittelbar bemerken; 3) die Rundung ist eine sehr allmähliche, da wir auf der See viele Kilometer weit die Schiffe mit unsern Blicken verfolgen können, ehe sie unsern Augen entschwinden; 4) die Tatsachen, daß die Krümmung so sanft ist, und daß hohe Berge so wenig Unterschied machen, zeigen, daß die Kugel, zu der die Rundung gehört, also die Erde, sehr groß ist; 5) die Erde ist so groß, daß selbst die höchsten Berge verhältnismäßig sich nur wie kleine Körnchen auf der Oberfläche ausnehmen. Der Durchmesser der Erde oder die Entfernung von einer Seite durch den Mittelpunkt zur andern beträgt 12740 Kilometer.

§ 3. Die Erde steht nicht still.

23. So ist denn die Erde mit ihrer Oberfläche von Land und Wasser eine große Kugel, so groß, daß, wenn von unserm Hause an eine Straße rund um sie herum führte, auf der wir stündlich 4½ Kilometer weit ohne Unterbrechung Tag und Nacht wanderten, wir doch fast ein Jahr brauchen würden, um wieder nach Hause zu gelangen.

24. Auch hängt die Erde im Raume gleichsam wie ein Luftballon. Es erhebt sich nun die Frage: Steht sie still, oder bewegt sie sich? Man ist versucht, zu sagen, sie bewegt sich nicht; denn unsere Schule steht, wo sie

immer stand; die Häuser und Bäume in der Nähe sind weder weiter noch näher gerückt, als sie es stets waren.

25. Aber dies ist kein Beweis für den Stillstand der Erde. Nehmen wir einen Knäuel oder eine Orange, um die Erde darzustellen, und stecken wir eine Stecknadel hinein, um das Schulhaus, und andere Nadeln, um die Bäume und Häuser rings herum anzudeuten.

26. Wir sehen dann sofort, daß die Stecknadeln ihre Stellung zueinander nicht verändern, mag der Knäuel oder die Orange ruhig liegen oder in Bewegung sein.

27. Wie ist nun die Frage zu lösen? Indem man auf etwas acht gibt, was sich nicht auf der Erde befindet! Gehen wir an einem klaren Abend hinaus und blicken nach Osten (jeder Knabe und jedes Mädchen sollte wissen, in welcher Richtung Norden, Süden, Osten und Westen ist), so sehen wir die Sterne höher und höher über die Linie hinaufsteigen, in der die Oberfläche der Erde mit dem Himmel zusammentrifft, und die wir nunmehr als Horizont bezeichnen. Die Sterne im Westen dagegen senken sich und werden zuletzt unsichtbar; auch der Mond folgt ihrem Beispiel. Am Tage finden wir, daß die Sonne ganz auf dieselbe Weise im Osten auf- und im Westen untergeht.

28. Wir haben hier einen sicheren Beweis, daß, während die Häuser und Bäume auf der Oberfläche der Erde ihre Stellung zueinander nicht verändern, die Sonne, die Sterne und der Mond, die nicht auf der Oberfläche der Erde sind, sich bewegen, oder daß es so scheint, als ob sie ihre Stellung zur Erde veränderten.

29. Was versteht man darunter, wenn man sagt, ein Stern oder die Sonne geht auf und unter? Man

drückt damit aus, daß sie, von dem Platze aus gesehen, wo wir sind, über dem Horizonte sichtbar werden oder darunter verschwinden. Die Sonne oder die Sterne verhalten sich also oder scheinen sich zu verhalten wie die Schiffe, von denen wir auf Seite 6 sprachen. Der Knäuel oder die Orange werden das ganz klar machen. Wir legen den Knäuel auf den Tisch, stecken seitwärts

Fig. 6. — Erklärung von Sonnen-Auf- und Untergang und vom Auf- und Untergang der Sterne.

eine Stecknadel hinein und denken uns, daß der Kopf der Stecknadel unser Auge bedeutet. Wir selbst aber stellen die Sonne oder einen Stern vor, gehen um den Tisch herum und halten unser Auge in wagerechter Linie mit der Stecknadel, wie es in Fig. 6 dargestellt ist. An einer gewissen Stelle wird die Stecknadel gerade über den Rand des Knäuels hervorkommen, und wir stellen jetzt unserem eigenen Auge, das durch den Stecknadelkopf angedeutet ist, die aufgehende Sonne oder einen aufgehenden Stern vor. Setzen wir unsere kleine Rundreise um den Tisch fort, so gelangen wir zuletzt an einen Punkt, wo der Stecknadelkopf wieder hinter dem Rande des Knäuels verschwindet. Wir haben dann die Rolle einer untergehenden Sonne oder eines untergehenden

Sternes gespielt, immer unter der Voraussetzung, daß die Erde selbst unbeweglich ist.

30. Wir wollen uns jetzt niedersetzen und jemanden anstellen, der den Knäuel für uns herumdreht; aber so, daß der Stecknadelkopf stets in gleicher Höhe über dem Tische ist. Wir sehen sofort, daß, während wir in Ruhe sind, der sich drehende Knäuel die gleichen Erscheinungen veranlaßt, die wir vorher beobachtet haben, als der Knäuel ruhig war und wir uns bewegten.

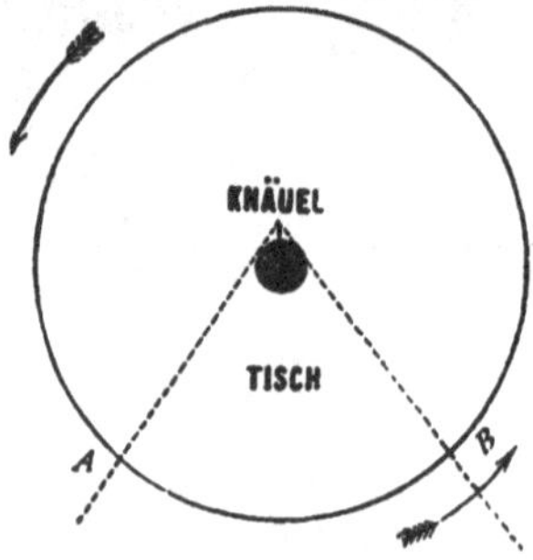

Fig. 7. — Zur Erklärung von Fig. 6. Ein in der angegebenen Richtung um den Tisch sich herumbewegender Körper verschwindet für den Stecknadelkopf bei A und erscheint wieder bei B.

31. Hieraus schließen wir, daß die Erscheinungen, die mit dem Auf- und Untergang der Sonne und der Sterne verbunden sind, entweder davon herrühren, daß die Erde still steht und Sonne und Sterne sich um sie drehen, oder umgekehrt, daß die Erde selbst sich dreht, während Sonne und Sterne still stehen. Die Alten dachten sich die Erde ruhend und ließen Sonne und Sterne um sie herumkreisen; wir aber wissen heutzutage, daß es die Erde ist, die sich bewegt.

§ 4. Die Erde dreht sich wie ein Kreisel.

32. So müssen wir es denn als bewiesen annehmen, daß sich die Erde bewegt, und daß die Bewegungen der Himmelskörper, wie sie von Osten nach Westen wandern, die Sonne am Tage, der Mond und die Sterne bei Nacht, keine wirklichen, sondern eben nur scheinbare Bewegungen sind, hervorgebracht durch die wirkliche Bewegung der Erde.

33. Doch wie bewegt sich die runde Erde? Denken wir darüber nach! Läßt sich nicht ein bekanntes Beispiel von einer scheinbaren Bewegung ruhender Gegenstände auffinden, verursacht durch unsere eigene Bewegung? Gewiß ist dies möglich. Wir erinnern uns alle, daß, wenn wir in einem Eisenbahnwagen sitzen und durch das Fenster blicken, es uns scheint, als ob alle Gegenstände draußen, Bäume, Häuser und, was es sonst noch geben mag, Dinge, die wirklich ohne alle Bewegung sind, an uns vorüberfliegen, und als wären wir es, die in Ruhe sind. Ferner, sie erscheinen uns genau nach der entgegengesetzten Richtung zu eilen, als die ist, wohin wir uns bewegen.

34. Soweit wäre alles gut. Indes: wird es möglich sein, daraus ohne weiteres einen Schluß zu ziehen, der auf die Erde und die Sterne anwendbar ist? Können wir uns vorstellen, daß die ganze Erde sich wirklich mit einer solchen Geschwindigkeit von der Richtung, die wir Westen nennen, nach Osten bewegt und an Sonne, Mond und Sternen vorüberfliegt, und daß dies der Grund ist, warum sich die Himmelskörper von Osten nach Westen zu bewegen scheinen?

35. Wir sehen sofort, daß wir nicht ohne weiteres diesen Schluß ziehen dürfen, da wir auf diese Weise nie wieder die gleiche Sonne, den gleichen Mond und die gleichen Sterne sehen würden.

Fig. 8. — Ein sich drehender Kreisel.

36. Wie sind aber diese Tatsachen zu erklären? Wir können uns vorstellen, daß sich die Erde dreht wie ein Kreisel, so daß jeden Morgen alle Knaben und Mädchen, seien sie in Deutschland, Amerika oder sonstwo auf der Erde, dieselbe Sonne aufgehen und jeden Abend dieselbe Sonne untergehen sehen.

37. Nur weil sich die Erde auf diese Weise dreht, haben wir Morgen und Abend; Tag und Nacht sind die besten Beweise dafür, daß die Erde sich um sich selbst dreht oder rotiert.

38. Da die Sonne im Osten aufzugehen und im Westen unterzugehen scheint, so dreht sich die Erde in Wirklichkeit in der entgegengesetzten Richtung, nämlich von Westen nach Osten.

39. Man nehme einen gewöhnlichen Schulglobus und versetze ihn in eine drehende Bewegung wie einen Kreisel, d. h. die Achse sei, wie die eines Kreisels, aufrecht. In welcher Richtung muß er sich nun drehen? Man stoße mit der rechten Hand die Oberfläche des Globus zur Rechten an, also die rechte Seite von sich fort. Der Globus zeigt auf diese Art die Richtung an, in der sich die Erde dreht.

§ 5. Die Erde macht eine Umdrehung (rotiert) einmal während eines Tages.

40. Wir nehmen in einem dunkeln Zimmer eine Orange, um die Erde, und eine Lampe, um die Sonne darzustellen; wir stecken eine Stricknadel mitten durch die Orange, und diese dann aufrecht in ein Nadelkissen; wir stecken ferner eine kleine Stecknadel so weit als möglich in die Orange, so daß der Kopf der Stecknadel

Fig. 9. — Richtung der Umdrehung der Erde.

einen Beobachter auf der Erde vorstellt. Nunmehr drehen wir die Stricknadel und setzen dadurch die Orange in eine langsam drehende Bewegung, und zwar entgegengesetzt der Richtung, in der sich die Zeiger einer Uhr bewegen, wie in Fig. 9.

41. Wir bemerken sogleich, daß es zwei Punkte auf der Orange gibt, die sich nicht bewegen, nämlich die, wo sie von der Stricknadel durchstochen ist; sie heißen die Pole. Wir wollen den oberen Nordpol,

den unteren Südpol nennen. Die Linie, die beide Pole verbindet, heißt die Achse; sie wird durch unsere Nadel dargestellt. Wir ziehen nun einen Kreis mitten um die Orange, der von den Polen überall gleichweit entfernt ist. Diese Linie wird Äquator genannt. Der Stecknadelkopf befinde sich nahe dieser Linie und gegenüber der Lampe, die die Sonne vor-

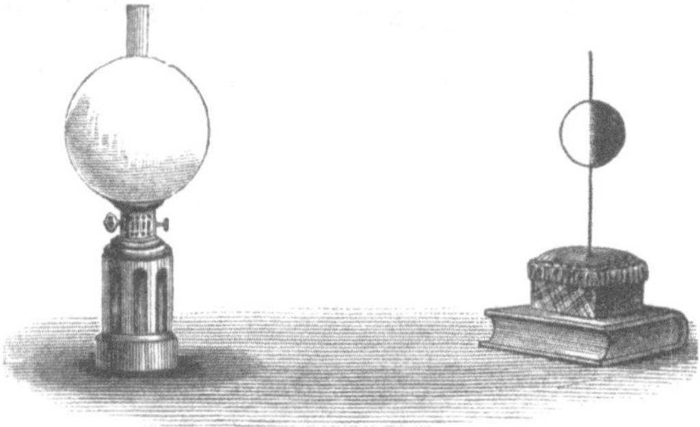

Fig. 10. — Versuch, die Umdrehung der Erde, die Tag und Nacht verursacht, zu erklären.

stellt: die eine Hälfte der Orange ist nun durch die Lampe erleuchtet und hat Tag, während die andere Hälfte dunkel und in Nacht ist.

42. Wird die Stricknadel langsam herumgedreht, so sehen wir, daß, nachdem die Orange den vierten Teil eines Kreises beschrieben hat, der Stecknadelkopf anstatt in der Mitte der Hälfte zu stehen, die zuvor durch die Lampe erleuchtet wurde, sich gerade am Rande des erleuchteten Teiles befindet, — noch eine kleine Wendung, und kein Licht erreicht ihn mehr: die Lampe ist untergegangen. Man lasse die

Orange sich nochmals den vierten Teil eines Kreises drehen, und der Stecknadelkopf wird inmitten der dunkeln Hälfte sein, genau der Lampe entgegengesetzt. Noch eine Wendung um einen Viertelkreis, und der Stecknadelkopf kommt eben in das Lampenlicht: die Lampe geht auf. Eine weitere Vierteldrehung, und die Orange hat sich einmal gedreht, die Lampe erscheint gerade darüber wie zuvor.

43. Die Lampe ist so scheinbar über den Stecknadelkopf weggezogen, ist unter- und aufgegangen und zu demselben Platze zurückgekehrt, einfach dadurch, daß die Orange gedreht wurde.

44. So ist es mit der Erde; sie dreht sich auf dieselbe Weise wie die Orange; aber keine Stricknadel, sondern eine gedachte Achse verbindet ihre Pole.

45. Tag und Nacht entstehen auf diese Weise, und da die Sonne vierundzwanzig Stunden braucht, um den Ort, den sie zu irgend einer Zeit einnahm, am nächsten Tage wieder zu erreichen, so ersehen wir daraus, daß die Erde wirklich vierundzwanzig Stunden braucht, um sich einmal um ihre Achse zu drehen.

46. Nun wird es nötig, nochmals Gebrauch von einem Globus zu machen. Man nehme einen solchen und stelle die Lampe einige Schritte entfernt davon auf, in gleicher Höhe mit dessen Mittelpunkt. Die Achse des Globus stehe aufrecht, und man lasse ihn rotieren. So lange er still steht, werden die Orte auf der der Lampe zugekehrten Hälfte beleuchtet, die auf der andern Hälfte bleiben im Schatten. Beim Herumdrehen aber kommt nach einander jeder Ort ins Licht

und wieder in den Schatten. Während also die Lampe unbeweglich bleibt, entsteht durch das Drehen des Globus allenthalben auf ihm abwechselnd Helligkeit und Dunkelheit.

47. Stellen wir uns nun anstatt des kleinen Globus die Erde vor und an Stelle der matten Lampe die helle Sonne, so sehen wir, daß die Drehung der Erde um ihre Achse die Ursache ist, daß jedes Land abwechselnd Tag und Nacht hat.

48. Aber wir wiederholen, man denke ja nicht, daß an Stelle unserer Stricknadel oder der Stahlachse des Schulglobus eine wirkliche Stange durch die Erde geht und die Achse bildet, um die sie sich dreht. (Abschnitt 44.) Die Achse ist nur eine gedachte Linie, und die zwei einander entgegengesetzten Punkte, wo sie die Oberfläche erreicht, und wo die beiden Enden der Stange durchstoßen würden, wenn die Achse ein wirklich greifbarer Gegenstand wäre, werden Nord- und Südpol genannt, sowohl auf dem Globus als auf der Erde.

49. So dreht sich also die Erde um diese Achse einmal in vierundzwanzig Stunden. Während dieser ganzen Zeit steht die Sonne fest und unverrückt am Himmel. Aber nur die Teile der Erde können ihr Licht auffangen, die sich zu irgend einer Zeit auf der der Sonne zugekehrten Seite befinden. Es muß immer eine erleuchtete und eine dunkle Seite geben, gerade wie es eine helle und eine dunkle Seite gab, als wir zuerst die Orange und dann den Globus der Lampe gegenüberstellten. Es wird uns somit klar, daß, wäre die Erde unbewegt, die eine Hälfte ihrer

Oberfläche nie erleuchtet, die andere Hälfte nie finster sein würde. Aber da sie sich dreht, kommt abwechselnd jeder Teil in das Sonnenlicht und in Dunkelheit. Erhalten wir das Licht der Sonne, so ist Tag; befinden wir uns auf der dunkeln Seite, so ist Nacht.

50. Die Sonne scheint sich von Osten nach Westen zu bewegen. Die wirkliche Bewegung der Erde ist gerade die entgegengesetzte, nämlich von Westen nach Osten. Am Morgen bringt uns die Drehung der Erde in das Sonnenlicht, das im Osten erscheint. Allmählich steigt die Sonne am Himmel empor, bis sie um die Mittagszeit am höchsten steht; dann sinkt sie wieder herab, um im Westen unterzugehen, wenn die Drehung der Erde uns wiederum aus dem Licht herausbringt. Bei Nacht erkennen wir die Bewegung der Erde durch die Art, wie die Sterne nacheinander auf- und untergehen, in gleicher Weise wie die Sonne am Tage.

§ 6. Die Drehung der Erde ist nicht ihre einzige Bewegung.

51. Wir haben uns nun von folgenden Tatsachen überzeugt:

erstens, daß die Erde eine Kugel ist;

zweitens, daß sie sich dreht wie ein Kreisel;

und drittens, daß wir ohne diese Drehung weder Tag noch Nacht hätten, daß also der regelmäßige Wechsel von Tag und Nacht durch diese Drehung verursacht wird.

52. So wäre es denn hinreichend bewiesen, daß die

Erde eine Bewegung hat. Doch nun wirft sich die Frage auf: hat sie mehr denn eine? Wie läßt sich dieses feststellen? Untersuchen wir zuerst, ob durch

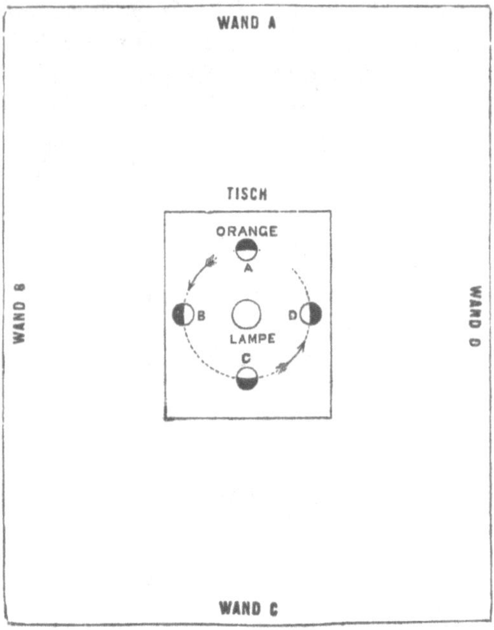

Fig. 11. — Erklärung der Bewegung der Erde um die Sonne

diese eine Bewegung alle Erscheinungen, die wir wahrnehmen, erklärt sind.

53. Dazu müssen wir wieder unsere Lampe und Orange zu Hilfe nehmen und sie uns in einem Zimmer denken, das mit vielen Bildern an den Wänden be=

hangen ist. Wenn man sich wundert und fragt, was haben wohl Bilder damit zu schaffen, so ist die Antwort: die Bilder sind uns notwendig, um die S t e r n e am Himmel vorzustellen. Der Raum, worin die Sonne und die Erde sich befinden, ist rundherum mit Sternen angefüllt, nur können wir diese am Tage nicht sehen, da die Sonne zu hell ist. Haben wir nun überall um die Orange herum Bilder angebracht, so können sie für uns die Sterne vorstellen. Natürlich sollten auch an der Decke und auf dem Fußboden Bilder sein, doch wollen wir uns damit begnügen, solche hinzuzudenken.

54. Stellen wir uns die Orange als Erde und die Lampe als Sonne vor, so hat, wie wir bereits gesehen haben, der Teil der Orange, der der Lampe, also der Sonne, zugekehrt ist, ununterbrochen Tag. Er sieht immer dieselbe {Lampe / Sonne} auf demselben Platze; von dem Teile aus, der der Sonne entgegengesetzt ist, sind stets dieselben {Bilder / Sterne} an demselben Orte sichtbar. Für die Teile der {Orange / Erde}, die an der Grenze von Licht und Schatten liegen, erscheinen dieselbe {Sonne / Lampe} und dieselben {Sterne / Bilder} immerfort am Horizont (Abschnitt 27) an derselben Stelle.

55. Stecken wir nun eine Stecknadel bis an den Kopf in den Äquator (Abschnitt 41) der Orange, um einen Beobachter auf der Erde darzustellen, und drehen die Orange, um das Kreisen oder die R o t a t i o n der Erde (wie wir es von jetzt an nennen wollen)

nachzuahmen, so ist nach dem früheren folgendes klar. So oft der durch den Stecknadelkopf dargestellte Beobachter sich inmitten der erleuchteten Hälfte befindet, steht der ihm genau entgegengesetzte Punkt inmitten der dunkeln Hälfte und weiter, nach einer halben Umdrehung der Orange wird der Stecknadelkopf von der Mitte der erleuchteten Hälfte in die Mitte der dunkeln Hälfte versetzt. Diese zwei Punkte, nämlich die Mitte der erleuchteten Hälfte und die Mitte der dunkeln Hälfte, zeigen deutlich genug für unseren Zweck die Stellung zur Sonne, die ein Beobachter am Mittag und um Mitternacht durch die Rotation der Erde einnimmt.

56. Wir sehen daraus sofort, daß, wenn weder die Sonne noch die Erde sich von ihrem Platze fortbewegen würden, wir stets eine gewisse Gruppe von Sternen um Mitternacht, eine andere bei Sonnenaufgang und wieder eine andere Gruppe bei Sonnenuntergang sehen würden.

57. Man überlege sich dies gründlich und mache es sich mittels der Bilder klar; denn es ist sehr wichtig, hier völliges Verständnis zu erlangen.

58. Sehen wir nun wirklich immer dieselben Sterne um Mitternacht? Nein. Wie verhält es sich in Wirklichkeit?

1) Beobachten wir im Sommer die Sterne um Mitternacht und wieder um die gleiche Zeit im Winter, so sehen wir ganz verschiedene Sterne. Es hat eine große Änderung innerhalb des Zeitraums von sechs Monaten stattgefunden.

2) Beobachten wir die Sterne mehrere Nächte hintereinander um Mitternacht, so finden wir, daß sie sich

allmählich nach Westen senken. Hier findet eine kleine Änderung in wenigen Tagen statt.

3) Nach Verlauf eines Jahres sind wieder dieselben Sterne um Mitternacht sichtbar.

59. Die Orange bewege sich nun um die Lampe in derselben Richtung, in der die Erde rotiert, und wir sehen sogleich, daß dadurch alle Erscheinungen erklärt werden.

60. In Fig. 11 ist eine Zeichnung der Lampe, der Orange, des Tisches und des Zimmers gegeben, von oben herab gesehen. Betrachten wir zuerst die Orange in A. Der Beobachter auf der dunkeln Seite wird in diesem Falle um Mitternacht die der Sonne entgegengesetzten Sterne, die Bilder auf der Wand A sehen. In B würde er um Mitternacht die der Sonne entgegengesetzten und durch die Bilder auf der Wand B dargestellten Sterne erblicken und deshalb nicht mehr dieselben Sterne, die er zuvor gesehen hat. Dasselbe ist der Fall mit der Lage in C und D.

61. Zunächst sei noch bemerkt, daß dieselbe Erscheinung, die wir beobachten und auf diese Weise erklärt haben, eintreten würde, wenn wir annähmen, die Sonne bewege sich in demselben Sinne um die Erde. Wir wissen aber, daß sich in Wirklichkeit die Erde um die Sonne bewegt und nicht die Sonne um die Erde.

§ 7. Die Erde bewegt sich einmal um die Sonne im Laufe eines Jahres.

62. Es dreht sich also die Erde nicht allein um ihre Achse im Laufe eines Tages, sondern sie bewegt sich

auch um die Sonne. Auf diese Weise haben wir die Tatsache erklärt, daß die Sterne, die man um Mitternacht oder um ein und dieselbe Nachtstunde von irgend einem Punkte der Erde, sei es in Deutschland, Amerika oder Australien, sieht, beständig andere und andere werden. Auch haben wir gefunden, daß der Wechsel in den Sterngruppen nur ein geringer ist innerhalb einiger Nächte, sehr groß innerhalb sechs Monaten, und daß nach Verlauf von zwölf Monaten dieselben Sterne wieder an derselben Stelle erscheinen.

63. Nehmen wir nochmals unsere Zuflucht zu der Lampe und der Orange, so finden wir, daß die Erde sich in einem Jahre um die Sonne bewegt, ebenso, wie sie sich in einem Tage um ihre Achse dreht.

64. Denn wären z. B. zu dieser Reise nur sechs Monate nötig, so würden nach sechs Monaten dieselben Sterne um Mitternacht wieder sichtbar sein, und dasselbe gilt für jeden beliebigen Zeitraum. So ist also der Begriff Jahr entstanden, das heißt die Zeit, die die Erde braucht, um auf ihrem Wege um die Sonne zu demselben Orte zurückzukehren.

§ 8. Die zwei Bewegungen der Erde gehen nicht in derselben Ebene vor sich.

65. Wie bewegt sich nun die Erde um die Sonne? Springt sie auf und ab, geht sie stoßweise, oder geht sie gleichmäßig und stetig in derselben Ebene vorwärts? So könnten einige fragen. Darauf ist zu antworten: die Erde bewegt sich gleichmäßig, bewegt sich immer in derselben Ebene, wie Pferde, die auf einer sehr

ebenen Rennbahn herumgaloppieren. Um ein besseres Bild zu gebrauchen, denken wir uns einen großen See, worauf Sonne und Erde, bis zur Hälfte ins Wasser eintauchend, herumschwimmen; wir stellen uns dann vor, daß die Erde sich einmal des Jahres um die Sonne bewege, in fast kreisförmiger Linie, d. h. beständig den gleichen Abstand von ihr einhaltend.

66. Wir nehmen nun fünf Kugeln, eine davon größer als die übrigen, um die Sonne vorzustellen,

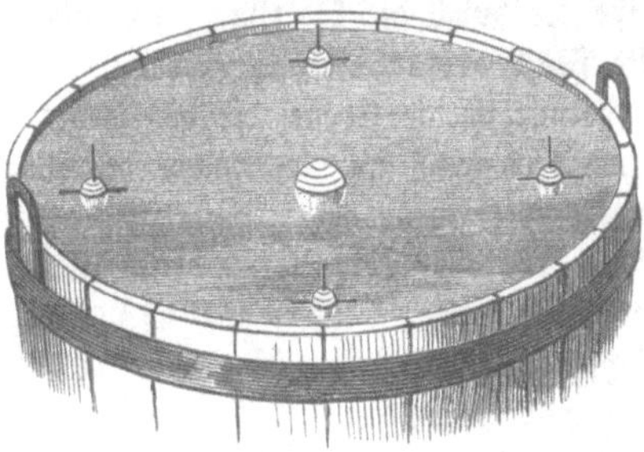

Fig. 12. — Die Ebene der Ekliptik.

und stecken je eine Stricknadel durch die vier kleineren Kugeln. Jede Kugel muß soviel wiegen, daß sie zur Hälfte im Wasser einsinkt. Dann setzen wir sie in einen mit Wasser gefüllten Zuber, wie in Fig. 12 angedeutet ist; die Stricknadel stellt wieder die Erdachse dar.

67. Auf diese Weise bekommen wir ein Bild von der Sonne und von der Erde in vier Gegenden ihrer jährlichen Reise. Wir wollen uns hierdurch folgendes verständlich machen: die Erde bewegt sich nicht nur gleichmäßig, sondern ihre Bewegung geht in ein

und derselben Ebene vor sich; eine Ebene ist nämlich eine Fläche, die man sich durch ein Kartenblatt oder durch die Oberfläche des Wassers in dem Zuber versinnlichen kann. Sodann soll der Versuch zeigen, daß die Ebene, in der sich die Erde bewegt, durch den Mittelpunkt der Sonne und der Erde geht, gerade so wie der Mittelpunkt der Kugeln sich in gleicher Höhe mit der Wasseroberfläche befindet, vorausgesetzt, daß sie das richtige Gewicht haben. Von nun an heiße die durch die Oberfläche des Wassers dargestellte Fläche die Ebene der Ekliptik.

68. Hiermit ist die Ebene, die die Erde in ihrer jährlichen Bewegung um die Sonne durchläuft, fest bestimmt. Diese Ebene der Ekliptik ist die Rennbahn der Erde. Wie aber verhält sich diese zu der Ebene, in der sich die Erde bei ihrer täglichen Drehung um ihre Achse bewegt, und die die Ebene des Äquators (41) genannt wurde?

69. Wir erkennen sofort, daß, wenn die Erdachse auf der Ebene der Ekliptik senkrecht steht oder „einen rechten Winkel" mit ihr bildet, die Ebene der Drehung der Erde dieselbe sein muß, wie die Ebene der Erdbewegung um die Sonne. So wird die Sache in Fig. 12 dargestellt.

70. Sind aber die Ebenen dieselben, mit anderen Worten, fällt die Ebene des Äquators mit der Ebene der Ekliptik zusammen? Wir wollen einmal annehmen, es wäre so, und sehen, was daraus folgt. Wir stecken die Stricknadel durch eine der kleineren Kugeln, jedoch so, daß sie senkrecht auf der Wasserfläche steht, und lassen die Kugel sich um diese Nadel als ihre Achse

drehen. Verfolgen wir jetzt die Kugel auf ihrer jährlichen Reise um die Sonne, so bemerken wir sogleich, daß die Grenzlinie von Licht und Dunkelheit beständig

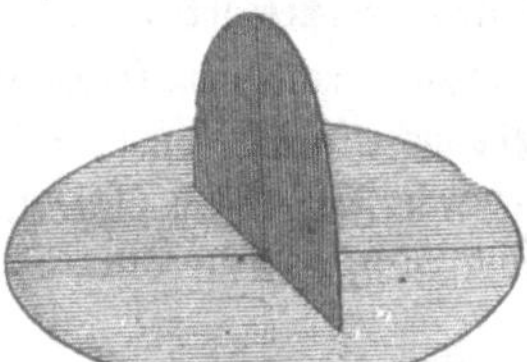

Fig. 13. — Zwei Ebenen, die sich im rechten Winkel durchschneiden.

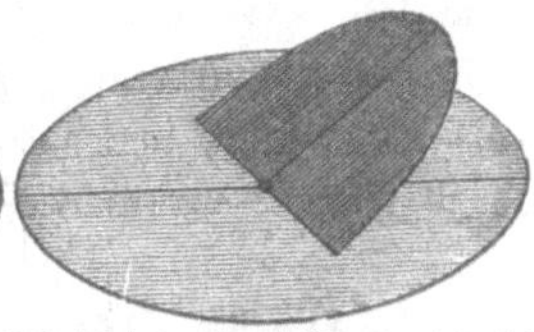

Fig. 14. — Zwei Ebenen, die sich im schiefen Winkel durchschneiden.

durch die beiden Pole hindurchgeht. Jeder Teil der Oberfläche ist ebenso lang beleuchtet wie unbeleuchtet. Tag und Nacht sind stets einander gleich. Wir wissen

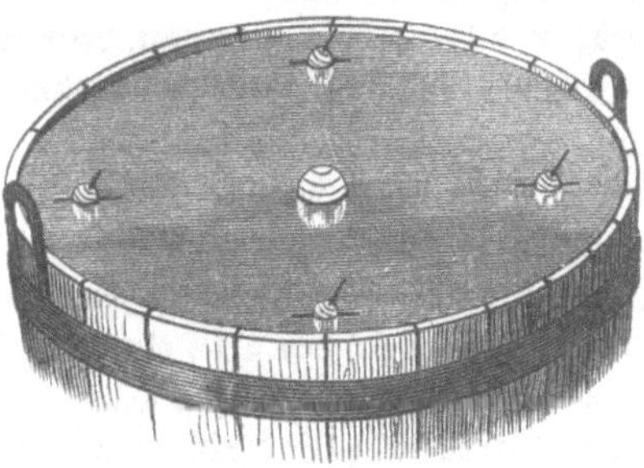

Fig. 15. — Zur Veranschaulichung der geneigten Umdrehungsachse der Erde.

aber, daß gerade das Gegenteil stattfindet. Im Winter sind in Deutschland die Tage kurz, die Nächte lang, umgekehrt im Sommer die Tage lang und die Nächte kurz, und während in Europa Winter ist, hat man in Australien oder Südafrika Sommer.

71. Es können somit die Ebenen der beiden Bewegungen nicht zusammenfallen. Anderseits läßt sich alles in einfachster Weise erklären, wenn man annimmt, daß die beiden Ebenen gegeneinander geneigt sind (Fig. 14). Es steht mithin auch die Erdachse nicht senkrecht auf der Ebene der Ekliptik, sondern ist gegen sie geneigt, wie dies durch Fig. 15 im Gegensatz zu Fig. 12 veranschaulicht wird.

§ 9. Warum Tage und Nächte ungleich sind.

72. Verlassen wir jetzt den Zuber und kehren zu der Lampe und Orange zurück; doch vergessen wir nicht, daß die Stricknadel nicht länger aufrecht stehen darf, wie in Fig. 10 vorausgesetzt wurde, und daß die Ebene der Ekliptik durch die wagerechte Fläche dargestellt wird, in der die Linie liegt, die den Mittelpunkt der Lampe und den Mittelpunkt der Orange verbindet.

73. Die Ursache von Tag und Nacht ist erklärt; suchen wir nun zu erläutern, warum sie zu den verschiedenen Jahreszeiten ungleich lang sind. Man stelle wie zuvor die Lampe auf den Tisch mitten im Zimmer, bringe ebenso die Orange in dieselbe Höhe, das obere Ende der Stricknadel sei ein wenig von der Lampe abgekehrt. Den oberen Pol wollen wir Nordpol nennen.

74. Indem wir die Orange herumdrehen, bemerken wir, daß das Licht nie auf die Gegend am Nordpol fällt, und daß der Teil um den Südpol herum stets erleuchtet ist; aber wie zuvor kommen die Teile in der Nähe des Äquators abwechselnd in Licht und Schatten.

Um einen Beobachter am Nordpol vorzustellen, stecken wir dort eine Stecknadel in die Orange; wir sehen dann, daß, wie auch die Orange um die Stricknadel gedreht werden mag, der Beobachter niemals in die Lichtregion kommt; stecken wir die Nadel an den Südpol, so sieht er stets die Lampe. Daher hat bei dieser Stellung der Erde zur Sonne eine Person am Nordpol stets Nacht und am anderen Pole fortwährend Tag.

75. Stecken wir jetzt die Stecknadel in die Orange, ungefähr halbwegs zwischen dem Äquator (41) und dem Nordpol, und drehen die Orange herum, so sehen wir, daß die Nadel auf ihrer Rundreise weit länger im Dunkeln als im Hellen verweilt. Deshalb ist an diesem Punkte die Nacht viel länger als der Tag, und je mehr man die Stecknadel dem Nordpole nähert, umso kürzer ist die Zeit, die sie im Lichte verbringt, bis sie schließlich so weit nördlich ist, daß das Licht sie nie erreicht.

76. Umgekehrt: je mehr wir auf der nördlichen Hälfte der Orange die Stecknadel in die Nähe des Äquators bringen, um so länger ist sie im Lichte d. h. die Tage werden länger, die Nächte kürzer, bis sie schließlich am Äquator ebenso lange im Lichte als in der Dunkelheit verweilt.

77. Auf der südlichen Seite findet genau das Gegenteil statt. Je mehr wir die Stecknadel dem Südpole nähern, umso länger wird sie im Lichte sein, bis sie schließlich in der Nähe des Poles von der Dunkelheit überhaupt nicht betroffen wird.

78. Vergrößern wir nun noch mehr die Neigung der Stricknadel gegen die Lampe, so finden wir, daß an

jedem beliebigen Ort, wo wir die Stecknadel anbringen, Tage und Nächte mehr und mehr ungleich werden, ausgenommen am Äquator. Verkleinern wir dagegen die Neigung, so nimmt die Ungleichheit ab, so daß bei aufrecht stehender Stricknadel auf der ganzen Orange Tag und Nacht gleich lang sein würden. Nun wissen wir alle, daß Deutschland auf der nördlichen Seite des Äquators liegt, ungefähr halbwegs zwischen dem Äquator und dem Pol, doch dem letzteren etwas näher als dem Äquator. Auch wissen wir, daß während des Winters die Tage viel kürzer sind als die Nächte, und haben nun sofort die Erklärung dafür, wenn wir uns die Erdachse auf dieselbe Weise und in derselben Richtung wie die der Orange geneigt denken; die Orange stellt daher in dem soeben angeführten Falle die Erde im Winter vor.

79. Aber es ist nicht immer Winter; ihm folgt der Frühling am 21. März, wo Tage und Nächte gleich lang sind. Dann kommt ein dreimonatlicher Sommer, in dem gerade das Gegenteil vom Winter stattfindet: die Tage sind länger als die Nächte. Am 23. September, dem Beginne des Herbstes, sind Tage und Nächte wieder gleich lang. Wie erklärt sich dies? Überlegen wir es uns, indem wir zu unserer Orange zurückkehren. Wir könnten versuchen, den Vorgang dadurch nachzuahmen, daß wir die Achse der Orange immer weniger von der Lampe wegneigen, bis sie zuletzt aufrecht steht, um den Frühling vorzustellen. Um Sommer zu bekommen, würden wir sie der Lampe zuneigen; denn aus dem, was bereits gesagt worden ist, wissen wir, daß, wenn der Nordpol von der Lampe abgekehrt wird,

die Nächte länger als die Tage sind. Steht ihre Achse aufrecht, so sind sie gleich lang, und ist sie der Lampe zugekehrt, so sind die Tage länger als die Nächte. Aber die Achse der Erde verändert ihre Richtung nicht, da sie das ganze Jahr hindurch nach demselben Stern, den wir Polarstern nennen, weist.

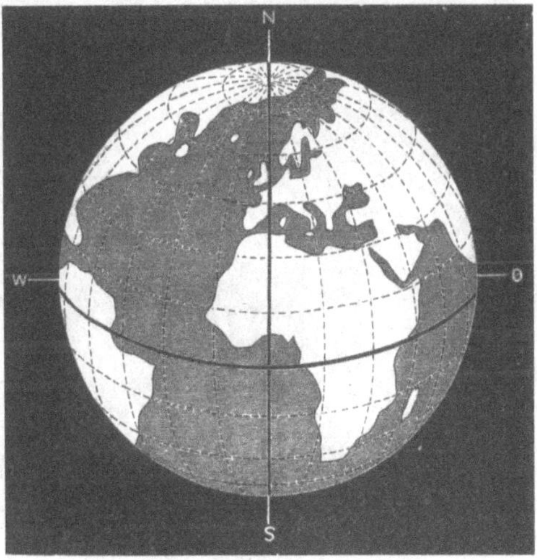

Fig. 16. — Die Erde, von der Sonne aus gesehen, zur Zeit der Sommer-Sonnenwende (22. Juni).

80. Wir müssen deshalb eine andere Erklärung suchen. Man bewege die Orange um die Lampe in der entgegengesetzten Richtung, wie sich die Zeiger einer Uhr drehen, während die Achse stets nach derselben Richtung zeigt, oder besser gesagt, während die Achse, die durch die Stricknadel dargestellt ist, stets

mit sich selbst parallel erhalten wird. Nachdem sie den vierten Teil eines Kreises um die Lampe zurückgelegt hat, beobachten wir wie zuvor die Länge von Tag und Nacht. Wir sehen dann, daß die Pole an der Grenze sind, die die erleuchtete Hälfte

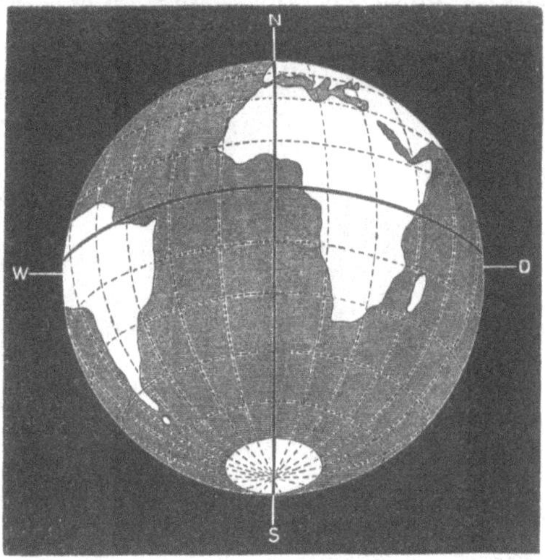

Fig. 17. — Die Erde, von der Sonne aus gesehen, zur Zeit der Winter-Sonnenwende (22. Dezember).

von der dunkeln scheidet, und der Weg, den jeder Teil der Orange durch Licht und Schatten zurücklegt, ist gleich lang. Diese Stellung entspricht dem Frühlingsanfang am 21. März.

81. Man lasse nun die Orange ein weiteres Viertel eines Kreises um die Lampe beschreiben, und man wird sehen, daß sich der Nordpol ein wenig der

Lampe zuneigt, und daß auf allen vom Äquator nördlich gelegenen Teilen, mit anderen Worten auf der nördlichen Halbkugel oder Hemisphäre der Tag länger ist als die Nacht, dem Sommer entsprechend; auf der südlichen Hemisphäre findet das Gegenteil

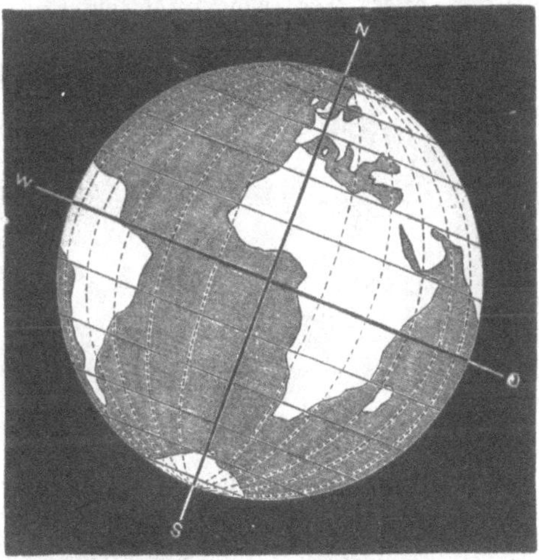

Fig. 18. — Die Erde, von der Sonne aus gesehen, zur Zeit der Frühlings-Tag- und Nachtgleiche (21. März).

statt, und so sind die Verhältnisse gerade umgekehrt worden dadurch, daß wir die Orange halbwegs um die Lampe bewegten.

82. Nachdem sich die Orange nochmals einen Viertelkreis weiter bewegt hat, werden Tag und Nacht wieder gleich lang, entsprechend dem Herbstanfang, 23. September; ein letzter Viertelkreis bringt die Orange wieder in ihre ursprüngliche Stellung.

83. Gerade auf dieselbe Weise bewegt sich die Erde in einem Jahre um die Sonne, und es entstehen Winter, Frühjahr, Sommer und Herbst. Die Stellungen der Erde im Frühling und Herbst, wenn die Tage und die Nächte einander und an allen Orten gleich sind, heißen Tag- und Nachtgleiche.

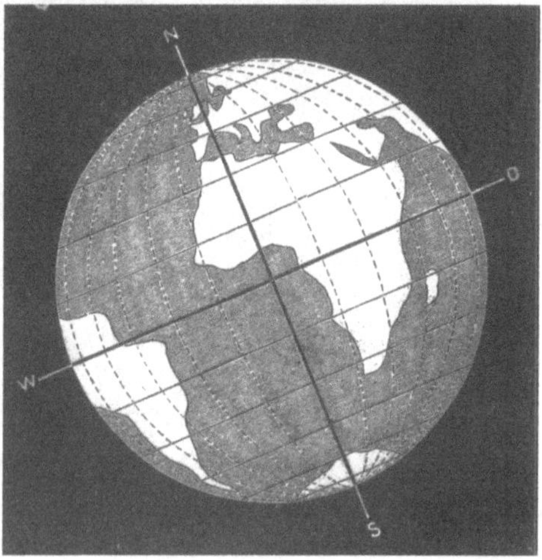

Fig. 19. — Die Erde, von der Sonne aus gesehen, zur Zeit der Herbst-Tag- und Nachtgleiche (23. September).

84. Auch können wir beobachten, daß während des Sommers der nördlichen Hemisphäre in den Gegenden, die den Nordpol umgeben, die Sonne fortwährend sichtbar ist. Denn anstatt im Westen unterzugehen, bewegt sie sich durch Norden nach Osten und steigt aufs neue am Himmel empor; im Winter ist sie beständig

unter dem Horizont, geht also nie auf. Auf der südlichen Hemisphäre findet ein halbes Jahr später dasselbe statt. Es gibt also an den beiden Polen einen sechsmonatlichen Tag und eine sechsmonatliche Nacht.

85. In den vier Zeichnungen von der Erde, Fig. 16—19, wie sie von der Sonne aus gesehen, im Frühling, Sommer, Herbst und Winter aussieht, stellt der Mittelpunkt jeder Figur den Punkt dar, über dem die Sonne zu den verschiedenen Jahreszeiten steht. Denken wir uns nun, der Globus drehe sich in jeder dieser Stellungen einmal herum, so wird uns das vorher Besprochene deutlicher werden.

§ 10. Die Jahreszeiten hängen von der Verschiedenheit der Länge von Tag und Nacht ab.

86. Hat man verstanden, warum Tag und Nacht von ungleicher Länge sind, so begreift man auch, woher es kommt, daß in Deutschland und Südafrika Winter und Sommer gleichzeitig stattfinden, das heißt, daß der deutsche Sommer (Winter) zur selben Zeit ist wie der südafrikanische Winter (Sommer); ferner versteht man, weshalb die Jahreszeiten auf der Erde wechseln und Frühling, Sommer, Herbst und Winter auf einander folgen, sowohl auf der nördlichen als auf der südlichen Halbkugel der Erde und zwar zu verschiedenen Zeiten des Jahres.

87. Sind die Tage lang und die Nächte kurz, sei es auf der nördlichen oder südlichen Hemisphäre, so ist die Sonne innerhalb vierundzwanzig Stunden

während längerer Zeit über dem Horizont als unter ihm; deshalb nimmt die Wärme zu. Sind anderseits auf einer der Hemisphären die Tage kurz und die

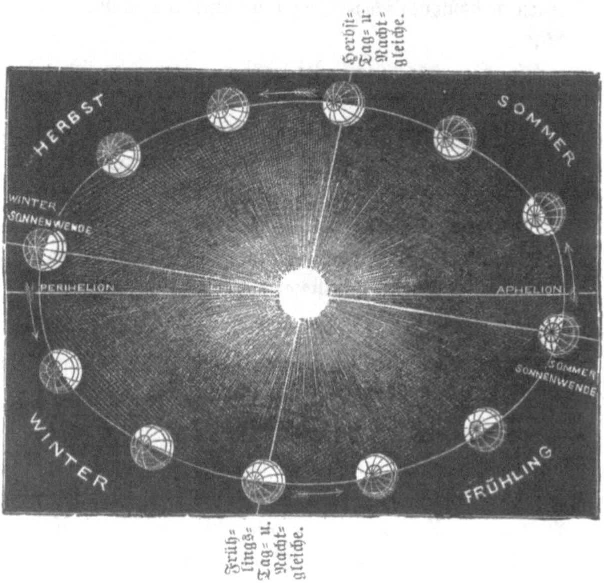

Fig. 20. — Erklärung der Jahreszeiten.

Nächte lang, so findet das Umgekehrte statt, und der Mangel an Wärme wird fühlbar.

88. Bei Frühlings= und bei Herbstanfang sind auf der ganzen Erde die Tage und Nächte gleich lang; aber im Frühling haben sich die Naturkräfte durch die Winterruhe erneut, so daß der Frühling die Zeit der Knospen ist, aber der Herbst die Zeit des Verfalles.

§ 11. Warum auf verschiedenen Teilen der Erde die Bewegungen der Sonne und Sterne verschieden erscheinen.

89. Wir wollen uns jetzt klar machen, wie es kommt, daß von den verschiedenen Teilen der Erde aus die Bewegungen der Himmelskörper so sehr verschieden erscheinen.

90. Nicht nur dauert an den Polen ein Tag und eine Nacht je sechs Monate, nicht nur sind Tage und Nächte am Äquator stets gleich, sondern die Sterne scheinen sich an den Polen um einen Punkt zu drehen, der im Scheitel steht, während am Äquator die Sterne, die durch den Scheitel ziehen, fast senkrecht auf- und untergehen und nicht in schräger Richtung, wie es in Deutschland, Nordamerika oder Australien der Fall ist.

91. Wir haben bereits die Auf- und Untergänge im Osten und Westen kennen gelernt, wir wollen jetzt auch Sterne in andern Himmelsgegenden betrachten und sehen, wie diese sich bewegen. In Deutschland gehen die Sterne, die dem Südpunkt nahe stehen, nur ein wenig östlich von diesem auf, erreichen die größte Höhe über dem Horizont genau im Süden und gehen soweit westlich vom Südpunkt unter, als sie östlich davon aufgegangen sind. Die Sterne, die wir genau im Osten aufgehen sehen, passieren die Südrichtung weit höher über dem Horizont und gehen genau im Westen unter. Die Sterne nahe dem Nordpunkt gehen aber weder unter noch auf; sie sinken nie unter den Horizont, sondern bewegen sich in Kreisen um einen Punkt am Himmel, der durch den sogenannten Polarstern markiert ist, ein Stern, den man leicht findet,

da die beiden Vordersterne des großen Bären auf ihn hinweisen, wie Fig. 21 zeigt.

92. Um das vorher Gesagte zu veranschaulichen, stelle man einen kleinen Globus mit seiner Achse aufrecht und klebe eine Pappscheibe etwa von der Größe eines Markstückes in ihrer Mitte darauf, möglichst

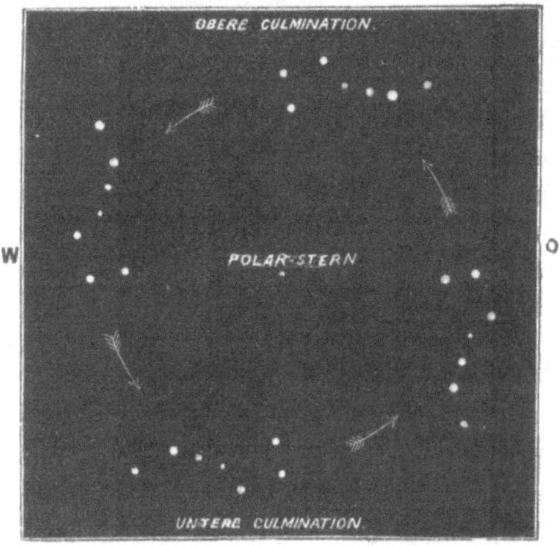

Fig. 21. — Der Polarstern und das Sternbild des großen Bären in vier verschiedenen Stellungen in Zwischenräumen von je sechs Stunden.

nahe am Nordpol, oder, wenn es sich tun läßt, auf das obere Ende der Achse selbst. Dann würde eine Person am Nordpol oder in dessen Nähe alles sehen, was oberhalb der Pappscheibe, aber nichts was darunter ist, der Rand der Scheibe bildet für sie gleichsam den Horizont. Nun drehe man den Globus, um die Bewegung der Erde nachzuahmen, und gebe acht, welcher Art die Erscheinungen der Sterne, die durch die Bilder an den Wänden dargestellt werden (Abschnitt 53), für jene Person sein würden. Man sieht sofort, daß sich das Pappscheibchen einfach herum bewegt wie ein Rad; die Bilder, die oberhalb davon hängen, bleiben in derselben Lage. So gehen für einen Beobachter am Pole die Sterne weder unter noch auf, sondern bleiben in derselben Höhe über dem Horizont und bewegen sich nur scheinbar im Kreise; der Polarstern steht immer oben im Mittelpunkt, und die Sterne kreisen um ihn herum. Befestigt man nun an der Wand unterhalb der Ebene des Scheibchens ein die Sonne darstellendes Bild, so sieht man, daß diese durch das Drehen des Globus weder zum Auf- noch Untergang gebracht werden kann und nur über dem Horizont erscheint, wenn man den Globus etwas herunterneigt, wie wir es taten, um die Jahreszeiten darzustellen. Wir erinnern uns jetzt, daß während einer Hälfte des Jahres unser Nordpol der Sonne zugekehrt und während der andern Hälfte von ihr abgewandt ist, so daß er nur während der Sommerhälfte des Jahres Tag und den ganzen Winter hindurch Nacht hat. Und betrachten wir Fig. 20, so bemerken wir, daß während des Sommers der ganze kleine Kreis um den Pol herum erleuchtet ist, so daß es dort nicht Nacht wird, wenn sich die Erde dreht, und aus demselben Grunde während des Winters nicht Tag. Aber im Frühling und Herbst ist die eine Hälfte des Kreises im Licht, die andere in Dunkelheit, und so wird jeder Teil innerhalb vierundzwanzig Stunden durch die Drehung der Erde ins Tageslicht und wieder zurück in die Nacht gebracht.

93. So viel über den Anblick des Himmels am Pol. Untersuchen wir nun, was am Äquator geschieht. Man klebe die Pappscheibe an den Äquator und drehe den Globus. Die Scheibe dreht sich dann nicht mehr wie ein Rad, sondern etwa so wie ein Pfennig, den man auf seiner Kante tanzen läßt. Wir beobachten jetzt folgendes. Sobald sich der Globus halb herumgedreht hat, stehen ganz andere Sterne über der Scheibe oder dem Horizont; die beiden Punkte aber, nach denen die Achse des Globus hinweist, bleiben beständig am Horizont selbst, der Polarstern am nördlichen, der Südpol am südlichen Horizont. Und weiter, die Sterne, die genau im Osten aufgehen, ziehen, wenn der Globus gedreht wird, gerade über die Mitte der Scheibe hinweg und gehen genau im Westen unter.

94. Wählen wir eins der Bilder aus, um die Sonne darzustellen, so sehen wir, daß der Globus gerade halb herum gedreht werden kann, während die Sonne oder das Bild, das die Sonne darstellt, über dem Horizont steht, und wieder halb herum, während sie darunter steht. Da die Erde sich alle vierundzwanzig Stunden einmal um ihre Achse dreht, so steht die Sonne zwölf Stunden über und zwölf Stunden unter dem Horizont, so daß Tag und Nacht am Äquator stets gleich lang sind. Neigen wir den Globus, um die Jahreszeiten darzustellen, so finden wir, daß die Länge von Tag und Nacht am Äquator unverändert bleibt.

95. Es ist nun erforderlich, das Stückchen Papier versuchsweise an anderen Stellen auf dem Globus zu befestigen, vom Äquator an bis zum Nordpol herauf-

gehend, um den allmählichen Wechsel in den scheinbaren Bewegungen der Sterne beim Auf- und Untergang zu beobachten.

96. Alles, was bis jetzt gesagt worden ist, bezieht sich auf die scheinbaren Bewegungen der Sterne vom Äquator aus gesehen oder nördlich davon. Um die scheinbaren Bewegungen der auf der südlichen Halbkugel sichtbaren Sterne zu erforschen, muß man das Stückchen Pappe an verschiedenen Stellen des Globus, südlich vom Äquator, befestigen, den Globus drehen und sehen, was geschieht. Befestigen wir es zuerst zwischen dem Äquator und dem Südpol, um die Stellung eines Beobachters etwa in Südafrika darzustellen, so wird für diesen der Äquator nördlich anstatt südlich und sein Pol im Süden anstatt im Norden liegen; blickt er nach Norden, so wird er genau in derselben Weise den Auf- und Untergang der Sterne sehen wie in der nördlichen Hemisphäre; aber seine rechte Hand wird nach Osten, die linke nach Westen gekehrt sein, so daß für ihn die Sterne rechter Hand auf- und linker Hand untergehen, den Himmel also in der entgegengesetzten Richtung wie in der nördlichen Hemisphäre durchziehen. Auch wird er im Norden die Sterne sehen, die man in Deutschland im Süden sieht, die nördlichsten Sterne aber werden für ihn gänzlich unsichtbar sein.

97. Um die scheinbaren Bewegungen der auf der südlichen Halbkugel sichtbaren Sterne verständlicher zu machen, nenne man den oberen Pol des Globus Süden und den unteren Norden und drehe den Globus in der der bisherigen entgegengesetzten Richtung. In

gleicher Weise nämlich, wie die Zeiger einer Uhr, von der Vorderseite gesehen, sich in der einen Richtung bewegen, und, könnte man sie von der Rückseite betrachten, in der entgegengesetzten Richtung, so dreht sich auch die Erde für einen Beobachter auf der südlichen Hemisphäre, der nach dem Äquator blickt, entgegengesetzt, wie für einen Beobachter, der von der Nordhalbkugel eben dorthin schaut. Machen wir also bei unserem Globus den oberen Pol zum Südpol und den unteren zum Nordpol, so müssen wir, um die Bewegung der Erde, die um die Sonne mit eingeschlossen, darzustellen, rechts und links vertauschen.

98. Man kehre nun den eigentlichen Südpol des Globus nach oben und stelle dann wie zuvor mit dem papiernen Horizont Versuche an.

99. Wahrscheinlich wird unser Globus einen „hölzernen Horizont" haben; dieser versinnlicht den Horizont für den Mittelpunkt der Erde, wie wir uns den Umkreis der Pappscheibe als Horizont eines Ortes gedacht haben. Der hölzerne Horizont stellt in Wirklichkeit den wahren Horizont desjenigen Ortes vor, der jeweilig am obersten Punkt des Globus ist.

II. Der Mond und seine Bewegungen.

§ 1. Der Mond bewegt sich unter den Sternen.

100. Wir haben nun die Form der Erde und ihre Bewegungen kennen gelernt, zuerst die Drehung um ihre eigene Achse in vierundzwanzig Stunden und zweitens den Umlauf um die Sonne, den sie in einem Jahre vollendet.

101. Auch haben wir gesehen, wie diese beiden wirklichen Bewegungen der Erde zwei scheinbare Bewegungen der Sonne und der Sterne veranlassen, die tägliche Bewegung, die Auf- und Untergang verursacht, und die jährliche Bewegung, zufolge der wir von Monat zu Monat zu derselben Zeit des Abends verschiedene Sterne im Süden sehen, bis nach Verlauf eines Jahres der große Kreislauf von neuem beginnt. Das Lehrbuch der physikalischen Geographie lehrt uns näheres über die Beschaffenheit der Erde, daß sie ein kalter Körper ist und von einer Atmosphäre umgeben, die durch die Wärme der Sonne in Bewegung gesetzt wird.

102. Einige unter uns werden sich vielleicht wundern, warum bis jetzt noch nichts vom Monde gesagt wurde, der uns doch fast so groß wie die Sonne erscheint und manchmal ein so starkes Licht auf die Erde wirft.

103. Der Mond kommt also jetzt an die Reihe. Wir wollen ihn an einem schönen Abend betrachten und seine Stellung unter den Nachbarsternen beobachten. Es fällt schwer, kleine Sterne in seiner Nähe zu sehen, und man nimmt daher am besten die Gelegenheit wahr, wenn er in der Nähe eines hellen Sternes steht. Beobachten wir ihn wieder einige Stunden später oder, wenn notwendig, am folgenden Abend, so finden wir sofort, daß er nicht mehr die gleiche Stellung unter den Sternen einnimmt, sondern daß er sich unter ihnen bedeutend nach Osten bewegt hat. Verfolgen wir ihn einige Abende nacheinander, so bemerken wir auch leicht, daß er mit jedem Tage drei Viertel bis zu einer vollen Stunde später aufgeht. So wandert er also fort-

während nach Osten, von der Zeit an, wo er bei Sonnenuntergang im Westen stand, bis zu der Zeit, wo er nicht früher als gerade vor Sonnenaufgang aufgeht. Dann geht die Sonne scheinbar an ihm vorbei, und einige Abende später wird er wieder im Westen bald nach Sonnenuntergang sichtbar. Dieser Vorgang wiederholt sich alle 29 $^1/_2$ Tage und hat einige Ähnlichkeit mit der Art, wie der Minutenzeiger einer Uhr den Stundenzeiger einholt und über ihn weggeht.

104. Wir haben nun unsere Beobachtungen gemacht und wollen sehen, wie sie sich erklären lassen. Wir kehren zu diesem Zwecke zu unserer Lampe und der Orange zurück; wir brauchen jedoch jetzt noch außerdem eine kleinere Orange, um den Mond vorzustellen. Man halte die Orange, die die Erde darstellt, ruhig und lasse die kleinere, den Mond, sich in einem Kreise um sie herum bewegen, sowie sich die Erde um die Sonne bewegt.

105. Untersuchen wir nun, ob diese Bewegung unsere Beobachtungen erklärt. Der Mond stehe zuerst in E (Fig. 22) in einer Linie mit der Sonne; in solcher Stellung würde er offenbar am Himmel in der Nähe der Sonne erscheinen, also auch um dieselbe Zeit wie die Sonne auf- und untergehen, was uns sofort klar wird, wenn wir die Erde sich um die Stricknadel drehen lassen. Nun bewege man den Mond nach T, um seine Stellung einige Tage später darzustellen, und man sieht, daß die Sonne einige Zeit vor dem Monde untergeht; denn für eine Person in A ist die Sonne gerade untergegangen, aber der Mond steht noch über dem Horizont. Dann bringe man den Mond

nach F, und wir sehen, daß er für den Beobachter in A bei Sonnenuntergang gerade im Süden steht, so daß er ungefähr sechs Stunden gegen die Sonne verloren hat. Man bewege ihn weiter nach G, dann geht er gerade auf, wenn die Sonne untergeht und steht um Mitternacht im Süden, hat also zwölf Stunden gegen die Sonne verloren, wie gleich deutlich wird, wenn man sich einen Beobachter in D stehend denkt. In der Stellung H ist der Mond für einen Beobachter in A, für den die Sonne gerade untergegangen ist, noch nicht aufgegangen; er hat achtzehn Stunden gegen die Sonne verloren und geht für einen Beobachter in D um Mitternacht auf. Für den Beobachter in C dagegen steht der Mond im Süden, und die Sonne ist im Aufgehen. Man bewege den Mond endlich nach K, dann hat er gegen die Sonne fast eine ganze Umdrehung verloren, von der Zeit an gerechnet, wo der Aufgang beider zusammenfiel. Er geht nämlich ungefähr 21 Stunden nach ihr auf (oder drei Stunden vor ihr, rechnen wir umgekehrt), und in zwei oder drei Tagen gehen beide wieder zusammen auf. Aus allem diesem geht hervor, daß die Bewegung des Mondes durch die Voraussetzung erklärt wird, er vollende in etwa achtundzwanzig — genauer 27 $^1/_3$ — Tagen einen Umlauf um die Erde. Auf den Unterschied dieser Zahl von der in Abschnitt 103 genannten Periode kommen wir später zurück.

§ 2. Der Mond wechselt seine Gestalt.

106. Wir haben auf diese Weise die eigene Bewegung des Mondes unter den Sternen erklärt; außer-

dem geschieht aber noch etwas mit ihm. Während er sich um uns bewegt, verändert er seine Form von einer Sichel zu einem Kreis. Wir sind mit diesem Wechsel völlig vertraut; denn soweit wir zurückdenken können, haben wir es so gesehen, so daß wir dies als etwas Selbstverständliches betrachten, ohne nach der Ursache zu fragen. Verändert sich nun die Gestalt des Mondes wirklich? Nein, sie bleibt immer dieselbe, aber von der erleuchteten Hälfte sehen wir meistens nur einen Teil.

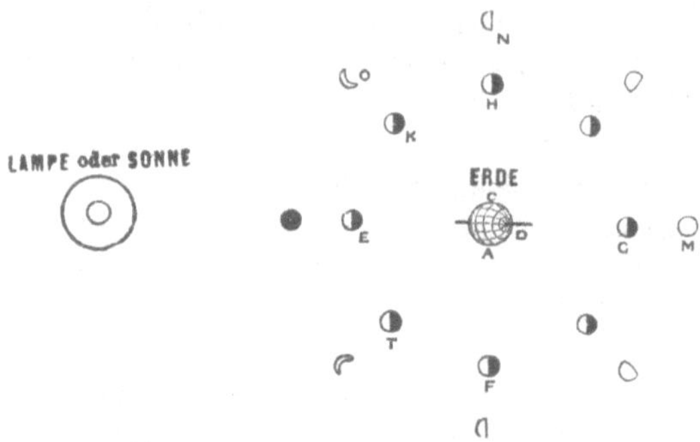

Fig. 22. — Die Bewegung des Mondes um die Erde.

107. Betrachten wir an einem Abend den Mond etwa zur Zeit des sogenannten „Vollmond", wenn er rund erscheint wie die Sonne. Beobachten wir, wo er am Himmel steht, so sehen wir, daß er sich auf derjenigen Seite der Erde befindet, die der Sonne abgewandt ist, und daß er folglich bei Sonnenuntergang auf- und bei Sonnenaufgang untergeht, er steht in G (Fig. 22). Bringen wir nun unsere Kugel, die den Mond darstellt, auf die der Sonne entgegengesetzte

Seite der Orange (Erde), so wird die Hälfte der Kugel, die auf der Zeichnung weiß ist, durch die Sonne erleuchtet, die entgegengesetzte Hälfte aber empfängt kein Sonnenlicht, gerade wie wir Nacht haben, wenn die Sonne die andere Hälfte der Erde bescheint. Bringen wir dann unser Auge möglichst nahe an die Orange, so erblicken wir den vollen erleuchteten Teil und sehen nichts von der dunkeln Seite: es ist Vollmond, und diese Erscheinung wird durch den weißen Kreis M dargestellt. Bei Vollmond steht also der Mond auf der einen Seite der Erde, die Sonne gerade entgegengesetzt auf der anderen, und wir sehen deshalb die ganze erleuchtete Seite des Mondes.

108. Nachdem er voll war, geht der Mond, wie wir bereits gesehen, später und später nach Sonnenuntergang auf. Nehmen wir an, daß wir eine Woche nach „Vollmond" unsere Beobachtungen machen, so finden wir, daß er um Mitternacht aufgeht. Das ist zwar spät für uns, um so lange aufzubleiben; aber die Astronomen haben ihren Tag, wenn andere Leute Nacht haben. Der Mond erscheint nun nicht länger rund, sondern nur die Hälfte ist sichtbar. Betrachten wir wiederum Fig. 22. In welcher Stellung ist der Mond, wenn er um Mitternacht aufgeht? Für einen Beobachter in D ist es Mitternacht, und der aufgehende Mond muß in H stehen; man bringe deshalb die Kugel, die den Mond vorstellt, nach H und das Auge nach D; der Teil, der in der Zeichnung weiß ist, ist die durch die Sonne erleuchtete Hälfte. In dieser Stellung kann jedoch dieser ganze Teil für uns nicht sichtbar sein, sondern nur die Hälfte davon; wir müssen die

Erscheinung eines Halbmondes wie N („Letztes Viertel") haben, was wirklich der Fall ist.

109. Setzen wir unsere Beobachtungen fort. Wird es zu spät, um bis nach Mitternacht aufzubleiben, so müssen wir versuchen, vor Sonnenaufgang aufzustehen. Wir werden dann sehen, daß, je näher der Mond an die Sonne heranrückt, seine Gestalt die einer immer schmaler werdenden Sichel ist; bei K sehen wir ihn in der in O dargestellten Form und verlieren ihn zuletzt in den Sonnenstrahlen, wenn er nach E gelangt ist. Wie würde er uns hier erscheinen? Wir stellen die Kugel zwischen Auge und Lampe auf und erkennen sofort, daß die ganze dunkle Hälfte uns zugekehrt ist, aber nichts von der erleuchteten Seite. Es ist „Neumond". Betrachten wir ihn wiederum einige Tage später, wenn er gerade nach Sonnenuntergang sichtbar wird. Er erscheint uns sodann als eine schmale Sichel und ist in der in der Figur durch T bezeichneten Stellung. Man bringe die Kugel in diese Lage, und indem wir unser Auge nahe an die Orange halten, sehen wir von der erleuchteten Hälfte abermals ein sichelförmiges Stück.

110. Während der Mond sich weiter und weiter von der Sonne entfernt und immer später untergeht, wird von der erleuchteten Hälfte mehr und mehr sichtbar, bis er als Halbmond in der Stellung F erscheint. („Erstes Viertel".) Er steht nun bei Sonnenuntergang im Süden. Bringen wir die Kugel in diese Stellung und unser Auge in die Nähe der Orange, so sehen wir, daß unser Versuch mit der Beobachtung übereinstimmt. Noch eine weitere Woche und der Mond

erscheint wieder voll und steht auf der der Sonne entgegengesetzten Seite der Erde.

111. Alle diese Erscheinungen können vollkommen dargestellt werden, wenn man sich in einiger Entfernung von der Lampe oder der Gasflamme aufstellt, die das einzige Licht im Zimmer sein sollte, und eine Orange oder einen Ball um den eigenen Kopf herumbewegt: wir veranschaulichen uns dadurch jeden Wechsel des Mondes. Der Mond bewegt sich somit um die Erde, gerade wie die Erde um die Sonne, wobei zwischen einem Vollmond und dem nächsten ungefähr neunundzwanzig und ein halb Tage verstreichen.

Dies ist etwas mehr als die wirkliche Umlaufszeit des Mondes um die Erde, die nur 27 1/3 Tage beträgt; der Unterschied rührt davon her, daß, während der Mond die Erde umkreist, die Erde mit samt dem Monde in ihrer jährlichen Bahn um die Sonne fortrückt. Der junge Leser wird dies leicht begreifen, wenn er sich eine kleine Zeichnung von Erd- und Mondbahn entwirft; nur muß er beachten, daß sowohl die Bewegung der Erde um die Sonne, als die des Mondes um die Erde in der gleichen Richtung von Westen nach Osten oder entgegengesetzt dem Uhrzeiger vor sich geht.

§ 3. Wie der Mond Verfinsterungen verursacht.

112. Nach dem, was wir besprochen haben, könnte man annehmen, daß der Mond allmonatlich, wenn er zwischen uns und der Sonne durchgeht, eine sogenannte totale Verfinsterung der Sonne verursachen müsse. Aber

aus Gründen, die wir sogleich anführen werden, geht er meistens ein wenig oberhalb oder ein wenig unterhalb der Sonne vorüber, und dann ist keine Finsternis; oder er geht nur vor einem Teil der Sonne vorüber und bedeckt somit für unser Auge die Sonnenscheibe nur teilweise, wodurch eine sogenannte partielle Verfinsterung hervorgebracht wird.

113. Versuchen wir, ob sich dies durch Anwendung unserer Orange und Kugel klar machen läßt.

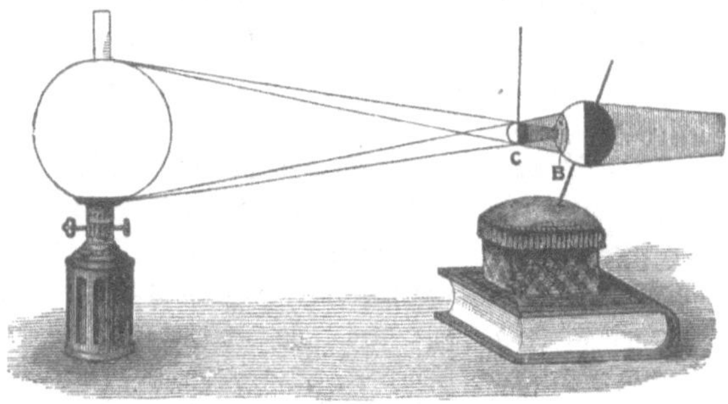

Fig. 23. — Zur Veranschaulichung einer totalen Sonnenfinsternis.

114. Man stelle die Lampe auf den Tisch und stecke in einiger Entfernung davon die Stricknadel, die die Orange trägt, in ein großes Nadelkissen; sodann nehme man die kleine, den Mond vorstellende Kugel und hänge sie an einer Schnur auf, so daß man sie um die Erde herumbewegen kann, ohne mit den Fingern einen Schatten darauf zu werfen (Fig. 23). Hierauf bringe man den Mond zwischen die Sonne und die Erde, halte ihn aber in der Nähe der letzteren wie in C (Fig. 23), damit sein Schatten auf die Erde fällt. Überall, wo

der Mondschatten die Erde trifft, ist die Sonne unsichtbar; es findet in dieser Gegend eine totale Finsternis statt. An anderen Orten der Erde, wie in B, die von dem dunkelsten Teile des Schattens, dem **Kernschatten**, nicht erreicht werden, verdeckt der Mond nicht die ganze Sonne. Wir haben somit hier nur eine partielle Finsternis, und je mehr man sich von dieser Gegend entfernt, um so mehr wird von der Sonne sichtbar; der Kernschatten ist, wie die Figur deutlich zeigt, von einem viel größeren

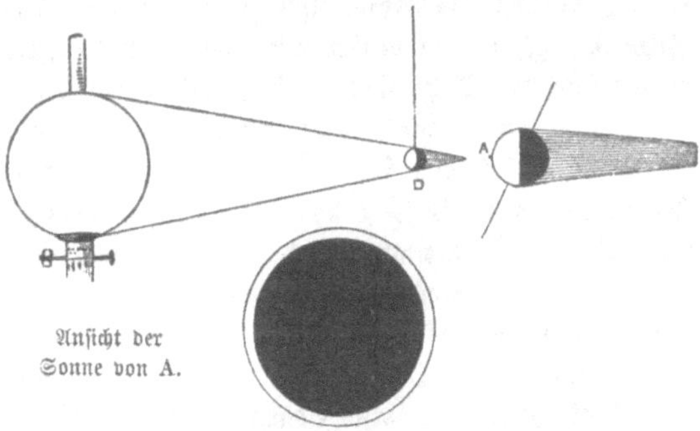

Fig. 24. — Ringförmige Sonnenfinsternis.

Halbschatten umgeben, innerhalb dessen nur eine partielle Verfinsterung eintritt.

115. Man bringe nun den Mond von der Erde weiter weg, z. B. nach D (Fig. 24); dann sieht man, daß der Schatten des Mondes nicht lang genug ist, um die Erde zu erreichen; es kann in diesem Falle keine totale Finsternis stattfinden; denn bei der großen Entfernung des Mondes ist seine Scheibe nicht hinreichend groß, um die Sonne vollständig zu verdecken, ihr Außenrand bleibt somit sichtbar; diese Art von

Finsternis wird eine ringförmige Verfinsterung genannt.

116. Alles dies wird verständlicher, wenn man die Orange (Erde) entfernt und an ihre Stelle das Auge bringt. Zuerst halte man das Auge in den Kernschatten des Mondes; man hat dann eine totale Finsternis. Dann bewege man es etwas abwärts, während man den Mond stets auf derselben Stelle läßt, und man sieht eine Sichel von der Sonne, entsprechend einer partiellen Finsternis, und je weiter man das Auge bewegt, um so größer wird die Sichel. Jetzt bringe man das Auge nach A (Fig. 24), doch so, daß die Sonne total verfinstert ist; bewegt man dann den Mond allmählich von sich fort, so wird er scheinbar kleiner, bis er in D (Fig. 24) nicht mehr hinreichend groß ist, um die Sonne zu bedecken; dann sieht man rings um den Mond herum den hellen Rand der Sonne, d. h. eine ringförmige Verfinsterung.

117. Außer den Sonnenfinsternissen gibt es auch Mondfinsternisse. Die Ursache davon ist, daß der Mond durch den Schatten der Erde geht. Wie das kommt, verstehen wir sofort, wenn wir wie zuvor die Lampe und Orange aufstellen und den Mond (dargestellt durch die Kugel) auf der der Sonne entgegengesetzten Seite der Erde herumbewegen, so daß er den von der Erde geworfenen Schatten passiert (Fig. 25). Der junge Leser möge hier den Unterschied zwischen dem Zustandekommen von Mond- und Sonnenfinsternissen wohl beachten. Der Mond wird nicht dadurch verfinstert, daß er durch einen dunklen Körper verdeckt wird, sondern indem er in den Schatten der Erde

tritt und daher kein Licht von der Sonne empfängt, mithin uns auch kein Licht zuwerfen kann.

118. Ein Beobachter auf dem Monde würde während einer totalen Sonnenfinsternis auf der Erde einen schwarzen Fleck sehen, der sich rasch über sie hinbewegt, und dieser Fleck würde ringförmig von einem Halbschatten umgeben sein, innerhalb dessen von der Erde aus eine teilweise Verfinsterung gesehen wird; aber bei einer totalen Mondfinsternis hüllt der Erdschatten den Mond völlig ein.

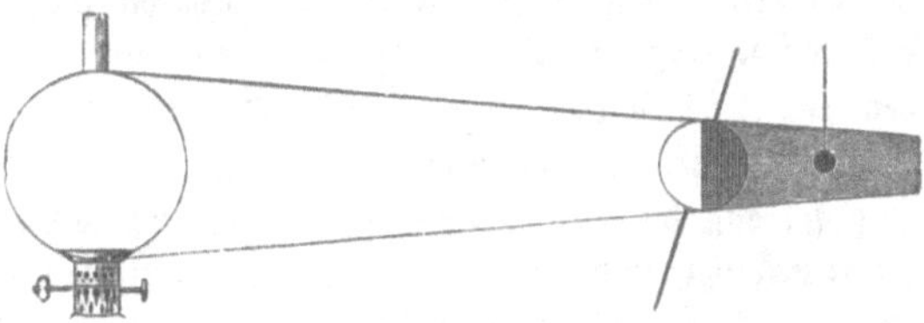

Fig. 25. — Zur Veranschaulichung einer Mondfinsternis.

119. Wir begreifen nun auch leicht, warum eine Sonnenfinsternis nur bei Neumond und eine Mondfinsternis nur bei Vollmond stattfinden kann. Der Grund ist einfach der, daß, wenn der Mond zwischen uns und der Sonne steht, also bei einer Sonnenfinsternis, notwendigerweise uns die dunkle Seite des Mondes zugekehrt ist; wenn dagegen der Mond auf der unserer Sonne entgegengesetzten Seite steht, also bei einer Mondfinsternis, seine erleuchtete Hälfte.

120. Es war in Abschnitt 112 die Rede davon, daß der Mond zuweilen oberhalb und zuweilen unterhalb der Linie vorübergeht, die Erde und Sonne verbindet. In der Tat können wir uns mit Hilfe der Orange

und der Kugel sofort überzeugen, daß, wäre dies nicht der Fall, in jedem Monat eine Sonnen- und eine Mondfinsternis stattfinden müßte.

121. Sehen wir jetzt, wie sich die Tatsache erklären läßt, daß der Mond manchmal oberhalb und manchmal unterhalb der Sonne vorübergeht, wodurch die monatliche Wiederkehr von Finsternissen verhindert wird Wir fanden, daß der Mond sich in einer nahezu kreisförmigen Linie bewegt, in deren Mittelpunkt die Erde steht. Man nennt diese Linie die Mondbahn. Wir wollen diese Bahn durch ein Stück Draht darstellen, das kreisförmig um die Orange gebogen wird, und den Mond durch eine große Perle oder eine kleine Kugel, die wir daran aufreihen. Man halte den Drahtring so, daß die Erde (Orange) sich in seinem Mittelpunkt befindet, und bewege den Mond auf dem Drahte um sie herum; bei horizontaler Haltung des Ringes wird dann der Mond bei jedem Umlaufe die Linie passieren, die die Erde und die durch die Lampe dargestellte Sonne verbindet. Doch ist dies, wie wir wissen, mit dem wirklichen Monde nicht der Fall, und um die Perle darüber oder darunter vorüberziehen zu lassen, muß der Teil des Ringes zwischen der Lampe und der Orange auf- oder abwärts geneigt werden.

122. Um dies anschaulicher zu machen, nehme man wie zuvor einen Zuber mit Wasser und lasse darauf eine Kugel schwimmen, um die Sonne darzustellen, und zwar so, daß eine Hälfte der Kugel aus dem Wasser hervorragt. Eine andere kleine Kugel, die man am Rande des Zubers ins Wasser setzt, stelle die Erde dar; dann kann die Erde um die Sonne herum-

bewegt und so ihre jährliche Bahn zur Anschauung gebracht werden. Da nun ihre Bahn auf der Oberfläche des Wassers liegt, so stellt, wie wir bereits gesehen haben (Abschnitt 67), diese Oberfläche des Wassers die Ebene der Ekliptik dar.

123. Aber wir vermuteten bereits, daß die Bahn des Mondes gegen diese Ebene geneigt ist, da zu gewissen

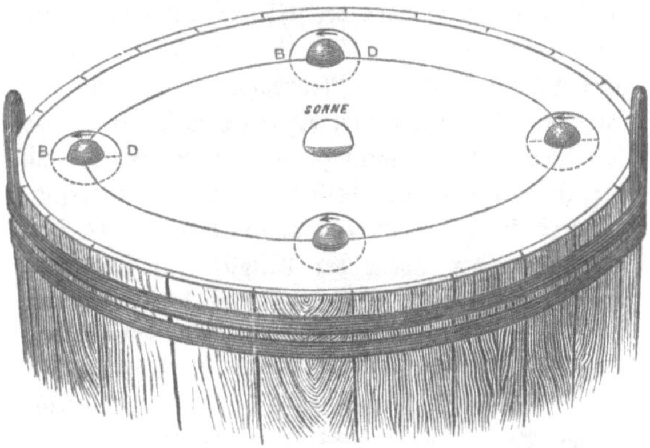

Fig. 26. — Darstellung des Winkels der Mondbahn mit der Ebene der Ekliptik.

Zeiten keine Finsternisse stattfinden. Nehmen wir wie zuvor den Drahtring, um die Bahn des Mondes zu veranschaulichen, und legen ihn um die Erde, die Hälfte des Ringes unter die Oberfläche des Wassers, die andere Hälfte darüber, wie es in Fig. 26 gezeichnet ist, wo die volle Linie den oberen und die punktierte Linie den unteren Teil andeutet, so stellen wir damit die Neigung der Mondbahn gegen die Ebene der Ekliptik dar. Die Linie, die die Punkte verbindet, wo die Bahn diese Ebene durchschneidet, heißt die Knotenlinie, und B und D sind die Knoten.

124. Dieser Versuch lehrt uns folgendes. Ist die Mondbahn gegen die Ekliptik geneigt, so kann der Mond mit der Sonne und der Erde nur dann in eine gerade Linie kommen, also eine Sonnenfinsternis herbeiführen oder selbst eine Verfinsterung erleiden, wenn er nahe der Ekliptik oder nach dem eben Gesagten in der Nähe der Knoten steht. In allen anderen Teilen der Mondbahn (des Drahtringes) kann eine Finsternis nicht eintreten, weil der Mond (die Perle am Drahtring), auch wenn er sich mit der Sonnenkugel auf derselben oder der entgegengesetzten Seite der Erde befindet, doch immer über oder unter der Ebene der Ekliptik (der Oberfläche des Wassers) und folglich nicht in derselben Linie mit Sonne und Erde stehen würde. Da nun Finsternisse nicht bei jedem Umlauf des Mondes um die Erde vorkommen, so schließen wir, daß die Mondbahn in der Tat gegen die Ekliptik geneigt ist.

125. Wir haben zuvor gesehen, daß die Ebene der Drehung der Erde um ihre Achse gegen die Ebene der Ekliptik geneigt ist, und jetzt finden wir, daß auch die Ebene der Bewegung des Mondes um die Erde gegen die Ebene der Erdbahn geneigt ist. Wir wollen nun verständlich machen, in welcher Weise der Betrag der Neigung in einem jeden Falle gemessen wird.

126. Die Astronomen teilen den Umfang aller Kreise, ob diese groß oder klein sind, in 360 Grade (geschrieben 360°). Tun wir dies auch (Fig. 27) und ziehen zwei Linien von dem Mittelpunkt nach dem

Umfang, so wird die Zahl der Grade zwischen den zwei Punkten, in denen der Umkreis geschnitten wird, das Maß des Winkels zwischen den beiden Linien am Mittelpunkte abgeben. Es ist aber 360 = 4 × 90, so daß die beiden Linien, die einen Viertelkreis einschließen, einen Winkel von 90° mit einander bilden.

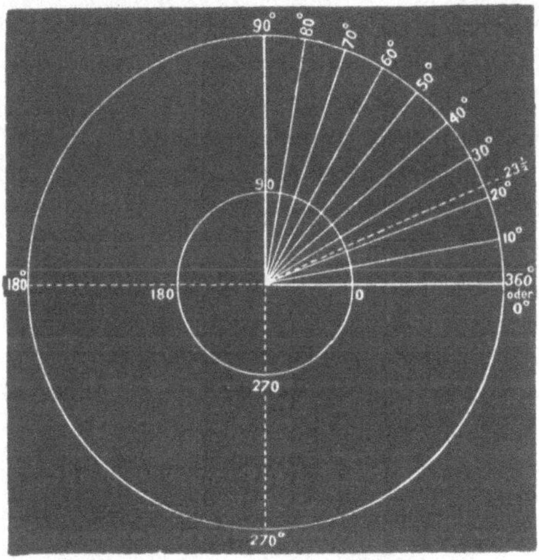

Fig. 27. — Einteilung des Kreises in Grade.

Wir sehen, daß die Größe eines Kreises hierbei von keinerlei Bedeutung ist; denn konstruieren wir eine Anzahl Kreise, einen innerhalb des andern, die aber alle den gleichen Mittelpunkt haben, und ziehen von dem Zentrum aus zwei Linien, die den vierten Teil oder 90° des Außenkreises in sich begreifen, so enthalten diese auch ein Viertel von jedem der andern

Kreise. Jede 90° nennt man einen rechten Winkel, und von zwei Linien, die einen Winkel oder eine Öffnung von 90° einschließen, sagt man, sie seien zu einander senkrecht. Ein ganzer Kreis enthält 360 Winkel von 1°, 4 Winkel von 90°, usw.

127. Die Astronomen denken sich nun einen solchen Kreis mit dem Zentrum im Mittelpunkt der Erde und können somit durch ihre Beobachtungen die Winkel messen, die die Ebenen einschließen, von denen wir auf Seite 55 gesprochen haben. Sie haben so herausgefunden, daß der Winkel, der durch die Ebene der Ekliptik und die Ebene der Rotation der Erde gebildet wird, $23^1/_2$° beträgt, und daß der Winkel, den die Ebene der Bewegung des Mondes um die Erde mit der Ekliptik bildet, etwas über 5° ist.

§ 4. Wie der Mond aussieht.

128. Was die Erde anbetrifft, so wurde bereits auf das Lehrbuch der physikalischen Geographie hingewiesen. Da der Mond kaum 400 000 Kilometer von uns entfernt ist, so können wir manches von seiner Oberfläche kennen lernen.

129. Betrachtet man den Mond mit bloßem Auge, so erscheint seine Oberfläche gefleckt; einige Teile sind dunkler als die andern. In früheren Zeiten hielt man die dunkleren Stellen für Meere, und obgleich man später herausfand, daß sie trockenes Land sind, so nennt man sie immer noch Meere, daher Ausdrücke wie „Meer der Ruhe“, „Meer der Stürme“ und ähnliche, wie wir sehen können, wenn wir eine Mondkarte betrachten; denn man hat ebenso gut eine Karte von dem

Monde wie eine Karte von der Erde. Benutzen wir ein Fernrohr, um die Kraft des Auges zu verstärken — schon ein kleines wird für den Zweck genügen —, so erscheint die Oberfläche fast vollständig mit Bergen, Hügeln und Tälern bedeckt; aber nicht Berge und Täler, wie wir sie hier haben, mit Grün bewachsen: sie sind kahl und öde. Man bemerkt keine Seen oder Flüsse, und so viel wir wissen, ist überhaupt kein Wasser vorhanden, folglich auch keine Wolken, um die Oberfläche vor der Sonne zu beschatten. Noch mehr, es gibt dort keine merkbare Atmosphäre; deshalb ist wahrscheinlich keinerlei Leben auf dem Monde. Fast seine ganze Oberfläche ist mit erloschenen Vulkanen bedeckt von ungeheuerem Umfange und unähnlich denen auf der Erde.

130. Aus diesen Tatsachen über den Mond entnehmen wir, daß die Verhältnisse des Planeten, den wir bewohnen, auf andere Himmelskörper nicht ohne weiteres übertragbar sind. Man denke sich eine Welt ohne Wasser und folglich ohne Eis, Wolken, Regen und Schnee, ohne Ströme und Flüsse, also auch ohne Vegetation, um das organische Leben zu unterhalten; eine Welt ohne Zwielicht oder irgend einen Übergang aus hellstem Sonnenschein in die schwärzeste Nacht; eine Welt ohne Schall, da der Ton durch die Luft fortgepflanzt wird. Der höchste Berg auf dem luftlosen Monde könnte durch eine gewaltsame Erschütterung unhörbar zersplittert werden.

131. Der Mond ähnelt der Erde übrigens darin, daß er nicht durch sein eigenes Licht scheint. Die helle Seite des Mondes ist die, worauf das Sonnenlicht fällt; wo dies Licht nicht hintrifft, ist der

Mond unsichtbar, deshalb ist Mondlicht Sonnenlicht aus zweiter Hand, und der Mond leuchtet uns nicht mit eigenem Lichte.

132. Der Mond hat einen Durchmesser von ungefähr 3500 Kilometer; seine Materie ist im Durchschnitt leichter als die, woraus die Erde besteht. Man sagt deshalb, die Dichtigkeit des Mondes ist $^3/_5$, wenn die der Erde zu 1 angenommen wird.

133. Es erfordert dies weitere Erläuterungen. Wir wissen, daß manche Dinge sehr dicht und schwer sind; andere sind sehr leicht. Blei ist z. B. sehr dicht und schwer, Kork sehr leicht. Wir alle wissen, was ein Zentimeter, ein Quadratzentimeter und ein Kubikzentimeter ist. Nimmt man nun ein Kubikzentimeter Blei und ein Kubikzentimeter Kork und wägt beides, so kann man genau bestimmen, um wieviel das Blei schwerer ist als der Kork. Sagen wir, das Gewicht oder die Dichtigkeit des Korkes ist 1, so würde das Gewicht oder die Dichtigkeit des Bleies so und so viel sein. Nähme man anstatt eines Kubikzentimeters ein Kubikmeter oder ein Kubikkilometer, so würde das Blei genau eben so viel mal mehr wiegen als der Kork.

134. Die Astronomen haben das Gewicht der Erde und des Mondes bestimmt, und sie wissen ferner, wie viel Kubikmeter beide Körper enthalten. Deshalb können sie berechnen, ob ein Kubikzentimeter der Materie, woraus der Mond besteht, weniger oder mehr wiegt als ein Kubikzentimeter der Materie, woraus die Erde gemacht ist; mit andern Worten, ob die Erde weniger dicht oder dichter ist als der Mond. Und sie haben gefunden, daß ein Kubikzentimeter der Materie der Erde $1^1/_2$ mal

so viel wiegt wie ein Kubikzentimeter der Materie des Mondes; deshalb sagen sie, der Mond ist nur $^2/_3$ so dicht als die Erde.

135. Gewöhnlich nimmt man die Dichtigkeit oder das Gewicht eines Kubikzentimeters Wasser als 1 an, und wir sagen demnach: die Dichte der Erde ist $5^1/_2$, die des Mondes $3^1/_2$ mal so groß als die des Wassers.

So haben wir denn in betreff eines jeden Himmelskörpers zu unterscheiden:

a. *Sein Volumen* (Rauminhalt), bestimmt durch seinen Durchmesser und ausgedrückt in Kubikmeter.

b. *Sein Gewicht oder seine Masse*, d. h. wie viele Kilogramm er wiegt, bestimmt durch seine Einwirkung auf andere Himmelskörper.

c. *Seine Dichte*, d. h. wie viel ein Kubikzentimeter wiegt. Man findet dies, wenn man seine Masse oder sein Gewicht (in Gramm) durch sein Volumen (in Kubikzentimeter) dividiert.

136. Der Mond kehrt uns stets dieselbe Seite zu. Es hat dies seinen Grund darin, daß er bei seinem Umlauf um die Erde sich auch um seine eigene Achse dreht, und zwar genau in derselben Zeit, in der er sich um uns bewegt, also eine volle Umdrehung macht. Beispielsweise tun wir dasselbe, wenn wir mit den Händen einen im Boden steckenden Pfahl ergreifen und um ihn herumgehen, das Gesicht stets dem Pfahle zugewandt. Wenn wir dabei auf nahe liegende Gegenstände acht haben, so sehen wir deutlich, daß wir uns um uns selbst drehen, so oft wir den Pfahl umkreisen, und werden vielleicht schwindlig, was auch ein äußeres Zeichen unserer Umdrehung ist.

137. Aus diesen Tatsachen ergibt sich, daß der Mond während eines jeden Umlaufs um die Erde sich nur einmal um seine eigene Achse dreht, und ein Mondtag ist daher ungefähr so lang wie 29½ Erdtage. Die Sonne leuchtet uns ungefähr 12 Stunden oder während der Hälfte eines Tages; dagegen ist jeder Teil des Mondes ungefähr 14¾ Tage oder während der Hälfte von 29½ Tagen von der Sonne beschienen, und wir können uns danach vorstellen, bis zu welch hohem Grade die Oberfläche während eines Mondtages erwärmt wird, und wie die entgegengesetzte Seite während einer nahezu 15tägigen Nacht erkalten muß.

III. Das Sonnensystem.

§ 1. Wie uns der Erde ähnliche Körper, die der Sonne näher stehen als wir, erscheinen würden.

138. Bis hierher waren die Erde, auf der wir wohnen, die große Sonne, der Mond und die kleinen Sterne die einzigen Körper, mit denen wir uns befaßt haben.

139. Gesetzt nun, es wären am Firmament noch andere Körper vorhanden, die nicht durch ihr eigenes Licht leuchten, andere Erden, die gleich der unsrigen sich um die Sonne bewegen; wie würden sie uns erscheinen? Nehmen wir zunächst an, daß ein Körper sich in einer geringeren Entfernung als wir um die Sonne bewegt. Die Lampe vertrete wieder die Sonne, die Orange die Erde und die als Mond gebrauchte Kugel stelle die andere Erde dar. Wir brauchen jetzt nur die Kugel um die Lampe zu bewegen und sie in ihren

verschiedenen Stellungen von der Orange aus zu verfolgen, um uns die Erscheinung der neuen Erde in ihrer Reise um die Sonne zu veranschaulichen. Man bringe sie zuerst nach A, Fig. 28, zwischen Lampe und Orange; sie erscheint dann in derselben Linie mit der Sonne und begleitet diese auf ihrer täglichen Bahn durch den Himmel, wobei sie natürlich wegen der außerordentlichen Helle der Sonne unsichtbar bleibt; sie geht mit ihr auf und unter. Nun bewege man sie nach B; sie steht dann auf der rechten Seite

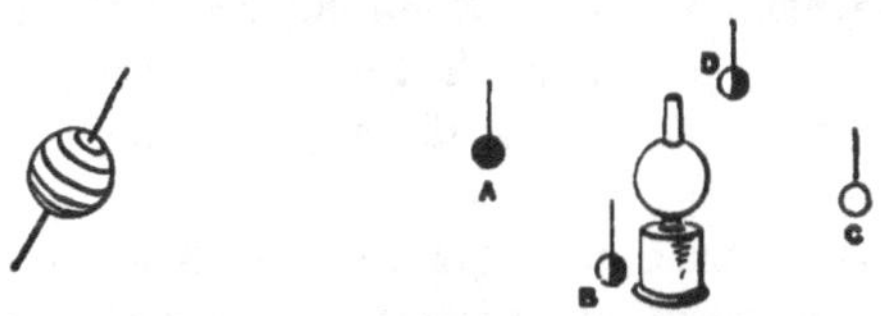

Fig. 28. — Darstellung der Erscheinung und Bewegung eines Körpers, der sich zwischen uns und der Sonne befindet.

der Sonne, geht vor Tagesanbruch auf und vor der Sonne unter, so daß man sie nur vor Sonnenaufgang sehen und beobachten kann, wie sie ihren Ort von Tag zu Tag wechselt und unter den Sternen „herumwandert" (das Wort Planet bedeutet „Wanderer"), um zuletzt wie die Sterne durch das Licht des Tages verlöscht zu werden. Bringt man sie in die Lage C, so geht sie mit der Sonne auf und unter und verliert sich wie in A in den Sonnenstrahlen. Endlich bringe man sie nach D; sie steht dann links von der Sonne, geht nach Tagesanbruch auf und nach Sonnenuntergang unter, so daß sie nur des Abends sichtbar ist. Mit ein wenig Überlegung sieht man ein, daß ein solcher Körper einem ähnlichen Lichtwechsel unterworfen ist wie der Mond, und daß wir ihn nie um Mitternacht sehen können. Aber ein bemerkenswerter Unterschied besteht doch. Bei unserer Bewegung um die Sonne bleiben wir immer in ungefähr demselben Abstand von ihr; die Sonne erscheint uns daher immer gleich groß. Auch der Mond erscheint bei seiner Bewegung um die Erde, da er fortwährend gleichweit entfernt ist, stets von derselben Größe — nicht von derselben Form. Aber die neue Erde, über die wir jetzt nachdenken, steht bald zwischen uns und der Sonne und bald auf der entgegengesetzten Seite, so daß ihre Entfernung von uns veränderlich ist; deshalb muß auch ihre scheinbare Größe wechseln.

140. Könnten wir daher diese neue Erde mit einem Fernrohr betrachten, so würden wir bemerken, daß sie ihre Größe und, wie der Mond, ihre Gestalt ändert; wir würden, wenn ihre Atmosphäre klar ist, vielleicht Meere und Kontinente sehen und imstande sein, durch deren Bewegung zu bestimmen, wie schnell sie sich um ihre Achse dreht, und ob ihr Tag länger oder kürzer ist als der unsrige.

§ 2. Wie der Erde ähnliche Körper, die weiter von der Sonne entfernt sind als wir, uns erscheinen würden.

141. Um die Erscheinungen einer Erde, die außerhalb unserer Bahn sich bewegt, darzustellen, brauchen wir nur die Kugel außerhalb der Erdbahn kreisförmig um die Sonne zu bewegen. Beginnen wir damit, die Kugel auf die der Erde entgegengesetzte Seite der

Tafel II. -

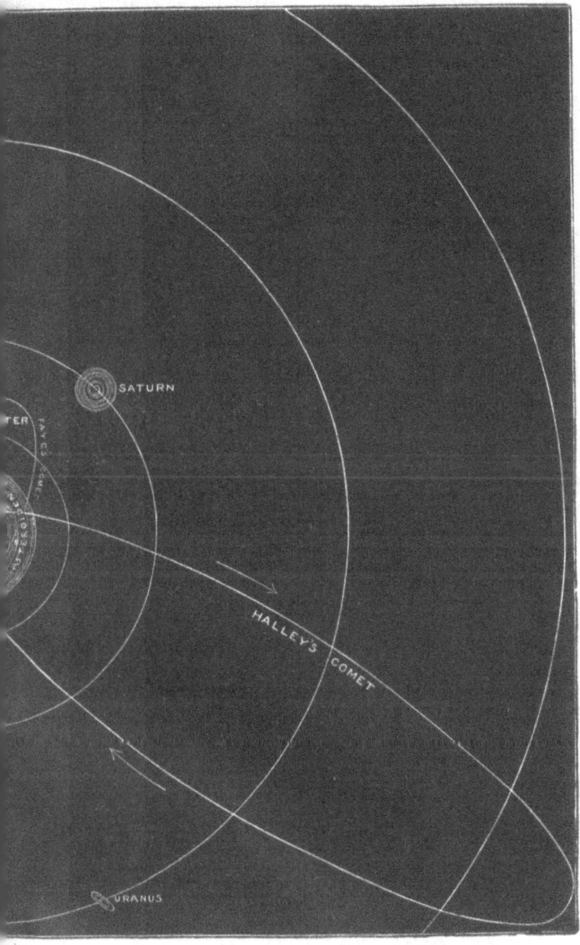

Sonnensystem.

Sonne zu halten. Sie verliert sich dann in den Sonnenstrahlen. Bewegen wir sie weiter herum in einer Richtung, die der Drehung eines Uhrzeigers entgegengesetzt ist, so erscheint sie links von der Sonne und geht nach ihr unter, gerade wie es mit dem innerhalb der Erdbahn angenommenen Körper der Fall war. Bewegen wir sie aber in derselben Richtung weiter,

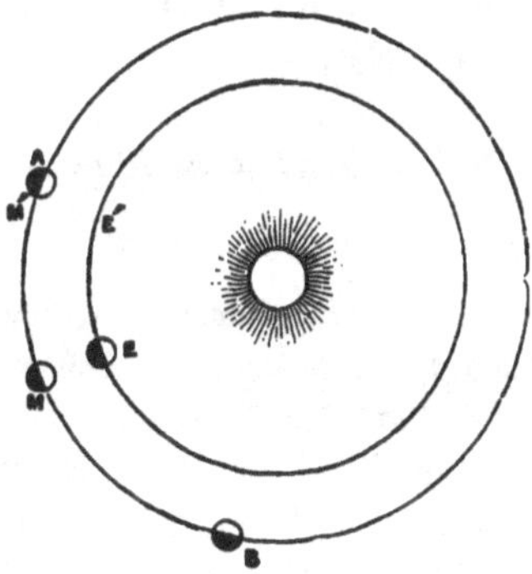

Fig. 29. — Darstellung der Bewegung eines Himmelskörpers, der außerhalb der Erdbahn um die Sonne kreist.

so scheint sie sich nach und nach von der Sonne zu entfernen, anstatt sich ihr wieder zu nähern und zwischen ihr und der Erde durchzugehen, bis sie schließlich auf die der Sonne entgegengesetzte Seite der Erde kommt. Sie geht nun bei Sonnenuntergang auf und ist um Mitternacht im Süden sichtbar, was, wie wir gesehen haben, unmöglich war bei einem zwischen der Sonne und der Erde befindlichen Körper.

142. Wir bemerken weiter, daß fast ihre ganze erleuchtete Seite von der Erde aus sichtbar ist, da

nur in den beiden Stellungen, die A und B in Figur 29 entsprechen, ein kleiner Teil der dunklen Seite uns zugewandt ist; so daß eine äußere Erde auch nicht alle Veränderungen zeigt wie eine innere. Während also eine innere Erde sich scheinbar von einer Seite der Sonne zur andern bewegt, macht eine äußere Erde einen vollständigen Rundlauf außerhalb unserer Erdbahn. Ein solcher Körper ändert notwendig auch seine scheinbare Größe.

§ 3. Gibt es solche Körper?

Die Planeten.

143. Es gibt derartige Körper, wie wir sie soeben besprochen haben, sowohl innere als äußere; man nennt sie **Planeten**, und die Erde wird auch ein Planet genannt, weil sie für Astronomen, die vielleicht die anderen Planeten bewohnen, gleich diesen unter den Sternen wandernd erscheinen würde. Es gibt acht Hauptplaneten, unsere Erde mit inbegriffen. Sie sind nach den altklassischen Gottheiten benannt; die zwei innern oder, wie man auch sagt, die zwei unteren, sind Merkur und Venus. Die äußern (oberen) heißen: Mars, Jupiter, Saturn, Uranus und Neptun. Die drei ersten sind kleiner als unsere Erde, die übrigen aber bedeutend größer.

144. Merkur und Venus sind die inneren Planeten, das heißt also die Planeten zwischen uns und der Sonne, da sie, wie es in diesem Falle sein muß, von einer Seite der Sonne zur andern wandern, ohne jemals eine gewisse Grenze zu überschreiten. Merkur

entfernt sich so wenig von der Sonne, daß er nur an wenigen Tagen des Jahres für das bloße Auge leicht sichtbar ist. Venus dagegen entfernt sich so weit, daß man sie lange nach Sonnenuntergang oder vor Sonnenaufgang sieht; sie wird deshalb auch Abend- und Morgenstern genannt.

145. Die äußeren Planeten machen, wie es sein muß, eine vollständige Rundreise am Himmel. Jedoch sind alle diese Bewegungen viel verwickelter, als es uns die Orange und die Kugel zeigte; denn die Erde steht nicht still; sie geht um die Sonne herum, schneller als die äußeren und langsamer als die inneren Planeten. Um die Bewegungen darzustellen, wie sie wirklich erscheinen, müßte man die Orange mit einer Geschwindigkeit um die Sonne bewegen, die zu der Geschwindigkeit des Planeten, den die Kugel veranschaulichen soll, in einem gewissen Verhältnis steht.

146. Die Sonne und die Planeten, die ihren Umlauf um sie vollführen, bilden das Sonnensystem; in Wirklichkeit sind alle Körper, auf die die Sonne einen beständigen Einfluß ausübt, Glieder dieses Systems.

147. So gehören außer den Planeten noch andere Körper zu dem System, nämlich Kometen und Sternschnuppen, die hernach noch ausführlicher besprochen werden. Alle diese Körper bilden eine Art Familie, mit der Sonne als Oberhaupt. Auf Tafel II ist eine Ansicht dieses Systems, wie es von oben herab gesehen erscheinen würde, dargestellt; doch ist es unmöglich, dadurch einen Begriff von den wirklichen Größenverhältnissen des Systems zu geben. Um diesen zu erhalten, nehme man einen Globus von ungefähr

$^1/_2$ Meter im Durchmesser, der die Sonne darstellt. Im Verhältnis hierzu wäre dann Merkur ein großes Senfkorn, das sich in einem Kreise von 40 Meter im Durchmesser um die Sonne bewegt, Venus eine kleine Erbse mit einem Kreise von 80 Meter im Durchmesser, die Erde ebenfalls eine kleine Erbse in einer Bahn von 110 Meter, Mars ein etwas größerer Stecknadelkopf, in einer Bahn von 160 Meter Durchmesser. Die kleinen Planeten wären feinen Sandkörnern zu vergleichen in Bahnen von 210 bis 460 Meter Durchmesser; Jupiter könnte man sich als eine kleine Orange oder Mandarine vorstellen, in einem Kreise von 560 Meter; Saturn als eine größere Pflaume, in einem Kreise von 1 Kilometer Durchmesser; Uranus als eine größere Kirsche auf dem Umfange eines 2 Kilometer großen Kreises; Neptun endlich als eine große Kirsche in einer Bahn von $3^1/_4$ Kilometer Durchmesser.

148. Die Entfernung der Erde von der Sonne wurde im vorigen Abschnitt durch eine Strecke von 55 Meter dargestellt; in Wirklichkeit beträgt sie 149 Millionen Kilometer. Man kann sich von einer so ungeheuer großen Entfernung nur schwer eine Vorstellung machen. Es sei nur vergleichshalber erwähnt, daß ein Eisenbahnzug, der in einer Stunde 50 Kilometer zurücklegt und im Jahre 1906 die Erde verläßt, die Sonne erst im Jahre 2247 erreichen würde.

149. Wir wollen nun zur näheren Betrachtung der inneren Planeten übergehen, also der Planeten, die der Sonne näher sind als die Erde.

§ 4. Die inneren Planeten.

Merkur.

150. Merkur, der nächste Planet bei der Sonne, bewegt sich um diese in einer Entfernung von 58 Millionen Kilometer; sein Durchmesser ist ein Drittel so groß wie der der Erde. Da er stets in der Nähe der Sonne bleibt, so kann man ihn zu gewissen Zeiten bald nach Sonnenuntergang im Westen und dann wieder vor Sonnenaufgang im Osten sehen. Um seine Bahn zu durchlaufen, braucht er achtundachtzig Tage, so daß sein Jahr weniger als ein Viertel des unsrigen beträgt. Auf Tafel II ist seine Bahn dargestellt; sie ist, wie die des Mondes, schwach gegen die Ebene der Ekliptik geneigt. Stellt man sich die Oberfläche eines Wassers als Ebene der Erdbahn vor, so liegt mithin ein Teil der Merkurbahn über dem Wasser, der andere Teil darunter. Aus der Figur ersehen wir, daß Merkur stets in der Nähe der Sonne erscheinen muß. Steht er links von der Sonne, so scheint er ihr in ihrem täglichen Laufe zu folgen und geht nach ihr unter; steht er rechts, so geht er der Sonne voran und daher vor ihr unter; er ist dann nur des Morgens sichtbar, wenn er vor Sonnenaufgang aufgegangen ist.

151. Beobachtet man den Merkur mit einem Fernrohr, so findet man, daß er demselben Lichtwechsel unterworfen ist wie der Mond und aus gleichem Grunde. Fig. 28 veranschaulicht uns dies. Die Kugel stellt Merkur in den verschiedenen Stellungen vor, die er in seiner Bahn während eines Umlaufes einnimmt.

Steht er zwischen uns und der Sonne (oder in unterer Konjunktion), so sehen wir ihn nicht, da seine dunkle Seite uns zugekehrt ist; bewegt er sich weiter, so sehen wir mehr und mehr von der erleuchteten Seite, bis er uns gegenüber auf der entgegengesetzten Seite der Sonne steht oder sich in oberer Konjunktion befindet, wo man die ganze erleuchtete Seite sieht.

152. Vom Merkur selbst ist wenig bekannt; wir wissen nicht, ob seine Oberfläche, wie die der Erde, aus Land und Wasser besteht, oder ob er wasserlos ist wie der Mond; ob er eingehüllt ist in eine Atmosphäre, die die Bewohner, wenn es deren dort gibt, vor der gewaltigen Sonnenwärme schützt oder nicht; wir wissen höchstens, daß die Dichte des Planeten (Abschnitt 133) ungefähr der Dichte der Erde gleich ist.

152a. Die beständige Nähe des Merkur bei der Sonne, von der schon oben die Rede war, erschwert in hohem Maße seine Beobachtung. Dennoch ist es in neuerer Zeit den Astronomen gelungen, mit Sicherheit Flecke auf seiner Oberfläche zu erkennen, und die fortgesetzte Beobachtung dieser Flecke hat es ziemlich wahrscheinlich gemacht, daß Merkur in derselben Zeit um seine Achse rotiert, in der er um die Sonne läuft. Wie der Mond der Erde, so würde also Merkur stets dieselbe Seite der Sonne zukehren, und während die eine Hälfte des Planeten fortdauernd der versengenden Sonnenglut ausgesetzt wäre, bliebe die andere in tiefe Nacht gehüllt.

Venus.

153. Dem Merkur zunächst steht die Venus, 108 Millionen Kilometer von der Sonne entfernt, mit

einem Durchmesser fast so groß wie der der Erde. Auch sie ist entweder nach Sonnenuntergang oder vor Sonnenaufgang sichtbar, je nach der Stellung in ihrer Bahn, wie wir es bei Merkur gesehen haben. Da aber ihre Bahn außerhalb der Bahn des Merkur liegt, so entfernt sich Venus mehr von dem Orte, den

Fig. 30. — Venus mit den Flecken auf ihrer Oberfläche.

die Sonne am Himmel einnimmt und kann folglich besser beobachtet werden. Sie ist nächst Sonne und Mond das glänzendste Gestirn am Firmament und kann daher von anderen Sternen leicht unterschieden werden.

154. Venus läuft in 225 Tagen um die Sonne, und gewisse Wahrnehmungen der Astronomen sprechen

dafür, daß sie dieselbe Zeit braucht, um sich einmal um ihre Achse zu drehen. Nach anderen Beobachtungen würde die Rotationszeit eine kurze, nur ungefähr 24 Stunden sein. Die Frage ist gegenwärtig noch nicht mit Sicherheit entschieden.

154a. Venus ist demselben Lichtwechsel unterworfen wie Merkur und selbstverständlich aus demselben Grunde. Über ihre Oberfläche ist sehr wenig bekannt; man hat zuweilen mit sehr guten Instrumenten dunklere Flecke auf der Oberfläche wahrgenommen, die möglicherweise Risse in den Wolken sind, durch die man die Oberfläche des Planeten selbst sieht. Die Dichte der Venus ist ein wenig kleiner als die der Erde.

155. Mit ein wenig Nachdenken wird es uns klar, daß, von der Erde aus gesehen, die scheinbare Größe der Venus wechseln muß, da ein Körper uns desto größer erscheint, je näher er uns ist. Während Venus in dem Wechsel der Lichtphasen dem Monde gleicht, verändert sie in Gegensatz zu ihm ganz erheblich ihre scheinbare Größe. Wir wollen dies ein wenig näher betrachten. Wenn Venus ungefähr zwischen uns und der Sonne steht — wir sehen dann nur eine schmale Sichel — so ist sie nur 41 Mill. Kilometer von uns entfernt (da wir 149 Mill. Kilometer von der Sonne entfernt sind, und sie 108 Mill. Kilometer); steht sie aber auf der andern Seite der Sonne, so beträgt ihr Abstand 257 Mill. Kilometer (149 Mill. Kilometer von uns bis zur Sonne und auf der andern Seite 108 Mill. Kilometer von der Sonne zur Venus), so daß ihre Größe im Verhältnis von 257 zu 41 wechselt oder rund wie 6 zu 1. Die Sichel der Venus bildet

also zuweilen den Teil eines sechsmal so großen Kreises, als der der vollen Venusscheibe ist. Diese Veränderungen sind in Fig. 31 dargestellt.

156. Wenn Venus und Merkur zwischen Erde und Sonne stehen, erscheinen sie mitunter auf der Sonnenscheibe als kreisrunde schwarze Flecke. Man nennt dies einen **Vorübergang des Merkur** oder **der Venus** vor der Sonnenscheibe.

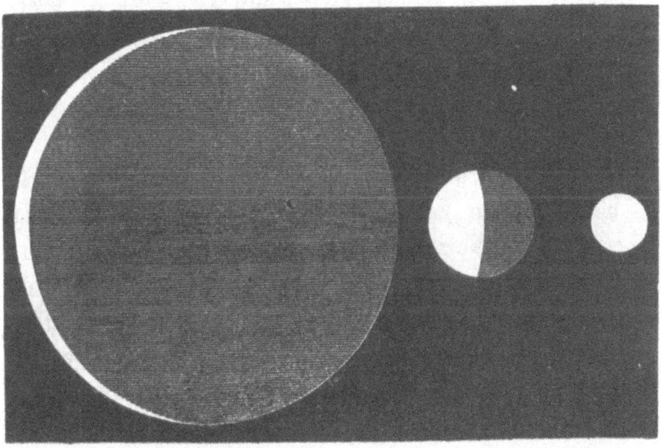

Fig. 31. — Scheinbare Größe der Venus bei ihrer geringsten, mittleren und größten Entfernung von der Erde.

157. Ein solcher Vorübergang oder Durchgang eines inneren Planeten kann nur eintreten, wenn der Planet zur Zeit seiner unteren Konjunktion (Abschnitt 151) nahe bei der Ekliptik, also auch nahe bei einem seiner Knoten steht. Mit anderen Worten, ein Vorübergang kann nur stattfinden, wenn der Planet sich in der Nähe des einen oder andern Knoten und auf einer Linie zwischen Sonne und Erde befindet. Ein Durchgang

der Venus ereignete sich 1874, und der nächste 8 Jahre später, 1882; von da ab gerechnet, wird ein solcher erst in 121½ Jahren wieder eintreten. Merkur ging zuletzt am 10. November 1894 vor der Sonne vorüber, sein nächster Vorübergang wird am 14. November 1907 stattfinden.

158. Nach Venus kommt die Erde, der Planet, den wir bewohnen, und der schon beschrieben worden ist. Wir gehen deshalb zu den äußeren Planeten über.

§ 5. Die äußeren Planeten.

Mars.

159. Das nächste Glied unseres Systems ist Mars. **Mars** bewegt sich in einer Bahn, deren Entfernung von der Sonne rund 228 Millionen Kilometer beträgt. Er dreht sich um seine Achse in 24 Stunden und 37 Minuten, so daß sein Tag etwa eine halbe Stunde länger dauert als der unsrige. Sein Durchmesser ist halb so groß als der unserer Erde.

160. Mars läuft in 687 Tagen um die Sonne; sein Jahr ist demnach beinahe doppelt so lang als das unsrige. Da seine Bahn die Erdbahn umschließt, so kann er nie zwischen uns und die Sonne gelangen, mithin auch nicht dieselben Phasen zeigen wie Venus und Merkur. Mars erscheint daher nie in Gestalt einer Sichel; nur zu den Zeiten, wo er nahe 90° von der Sonne absteht, ist der östliche oder westliche Rand der beleuchteten Scheibe etwas abgeflacht. Man kann dies leicht aus Fig. 29 erkennen, worin die zwei Stellungen des Planeten mit A und B bezeichnet

sind, während die Erde in E steht. An diesen beiden Punkten ist ein kleiner Teil der nicht beleuchteten Seite uns zugekehrt, und die Lichtgestalt des Planeten ist dann etwa die unseres Mondes zwei oder drei Tage vor oder nach Vollmond.

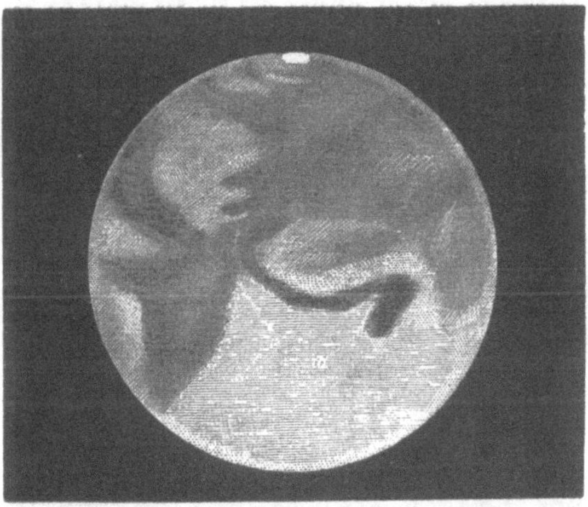

Fig. 32. — Ansicht des Mars mit den Eisfeldern am Pole und mit Land und Meer.

161. Befindet sich Mars gegenüber der Sonne in M, so sagt man, er steht in Opposition; er ist uns dann am nächsten (seine Entfernung beträgt im Durchschnitt 79 Millionen Kilometer) und ist vollständig erleuchtet, somit ist dies die beste Zeit, den Planeten zu beobachten. Die Marsbahn ist jedoch sehr exzentrisch oder oval, folglich ist sie an manchen Stellen der Erdbahn viel näher als an andern. Tritt nun eine Opposition ein, wenn Mars und Erde sich in der

Stellung befinden, wo ihre Bahnen einander am nächsten sind, so haben wir eine sehr günstige Opposition, und Mars ist dann nur halb so weit von uns entfernt wie in den ungünstigsten Oppositionen. Die Neigung der Umdrehungsachse des Planeten gegen die Bahnebene ist fast dieselbe wie die der Erde; sie be-

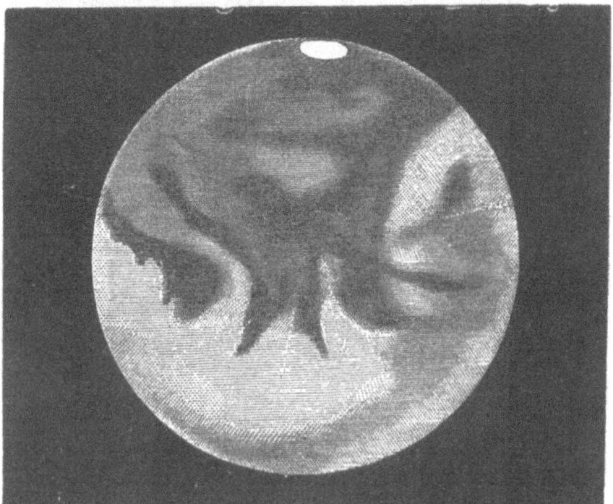

Fig. 33. -- Ansicht eines andern Teils des Mars.

trägt ungefähr 65°, so daß seine Jahreszeiten den unsrigen sehr ähnlich sind.

162. Mit bloßem Auge gesehen erscheint Mars von einer rötlichen Färbung, wodurch man ihn leicht erkennen kann; betrachtet man ihn aber durch ein Fernrohr, so verschwindet die Röte teilweise, und der Planet zeigt eine glänzende Oberfläche, auf der hellere und dunklere Stellen abwechseln; die ersteren sind vielleicht

Länder, die letzteren Meere. Mars ist dadurch unter den Planeten so anziehend, daß er uns nahezu so erscheint, wie die Erde sich den Marsbewohnern darstellen würde. Um die Pole herum erscheint die Oberfläche weiß; beobachtet man diese weißen Polarflecke von Zeit zu Zeit, so sieht man in der Halbkugel, wo es Sommer wird, den weißen Fleck kleiner werden, dagegen wird er größer in der Halbkugel, wo der Winter beginnt; man hält die Flecke daher für Eis- oder Schneeflächen, wie wir solche in den Polargegenden unserer Erde haben. Die Zeichnungen geben eine Vorstellung von dem Aussehen des Mars, wenn man ihn durch ein großes Fernrohr sieht. Hauptsächlich beachtenswert ist, daß, während die Erde viermal mehr Wasser als Land hat, Mars viermal mehr Land als Wasser haben würde.

162a. Um den Planeten Mars kreisen zwei Trabanten oder Monde, die zu den kleinsten planetarischen Körpern gehören, von denen wir Kenntnis haben. Wenn wir auch ihre Durchmesser nicht genau angeben können, so können wir doch sagen, daß ein Fußgänger die Reise um die Monde bequem in einem oder höchstens zwei Tagen machen würde. Das Merkwürdigste aber ist der geringe Abstand der Monde von dem Mutterkörper, und, was eine notwendige Folge davon ist, ihre kurze Umlaufszeit. Der innere Trabant ist vom Zentrum des Planeten nur 9000 Kilometer, von seiner Oberfläche sogar nur 6000 entfernt und umkreist ihn in 7 Stunden 39 Minuten; der entferntere hat einen Abstand von 23000 Kilometer und macht in 30 Stunden 18 Minuten einen Umlauf.

Die Asteroiden.

163. Nach Mars kommen wir zu den Asteroiden oder kleinen Planeten, einer Gruppe kleiner Körper, die sich in Bahnen außerhalb der des Mars bewegen. Ceres, Pallas, Juno und Vesta sind die zuerst aufgefundenen, und auch diese haben nur einige hundert Kilometer im Durchmesser. Nur Vesta und wohl auch Ceres sind für das unbewaffnete Auge zuweilen sichtbar. Die Bahnebenen der kleinen Planeten haben in der Mehrzahl eine größere Neigung gegen die Ebene der Ekliptik als die der großen Planeten. Von der Neigung ihrer Umdrehungsachsen gegen ihre Bahnen wissen wir nichts. Die Anzahl der Asteroiden ist sehr groß, man kennt deren gegenwärtig (1906) schon 570, und es werden noch immer neue aufgefunden; man hat fast alle Götternamen für sie verwendet. Die meisten lassen sich, was die Helligkeit anbetrifft, nur Sternen elfter bis zwölfter Größe vergleichen, und ihre Oberfläche ist meist nicht größer als der Flächeninhalt eines Fürstentums.

Jupiter.

164. Außerhalb der Bahnen der zahlreichen Asteroiden läuft Jupiter, der Riesenplanet unseres Systems, um die Sonne. Wahrscheinlich ist er einem jeden von uns einmal gezeigt worden. Steht er auch nur wenig über dem Horizont, so ist er wegen seines außerordentlichen Glanzes, worin ihn nur Venus übertrifft, unverkennbar. Venus und Jupiter kann man gewöhnlich dadurch unterscheiden, daß erstere in der Nähe der Sonne steht. Die Bahn, in der sich Jupiter bewegt,

ist 778 Millionen Kilometer von der Sonne entfernt: sein Jahr dauert 4333 Tage.

165. Durch ein mäßig starkes Fernrohr betrachtet, erscheint Jupiter in ovaler Form, das heißt an den Polen stark abgeplattet und von verschiedenen dunkeln Streifen durchzogen, wie es in der Figur dargestellt ist. Man bemerkt auf seiner Oberfläche große, schwarze Flecke und andere dunklere Stellen, wovon sogleich noch die Rede sein soll. Aus der Bewegung solcher Flecke hat man die Zeit der Umdrehung des Jupiter um seine Achse bestimmt, und ungefähr 10 Stunden dafür gefunden, also weniger als die Hälfte unseres Tages. Da nun der Durchmesser des Jupiter 11 mal größer ist als der unserer Erde, so muß notwendigerweise die Anschwellung am Äquator und entsprechend die Abflachung am Pol weit größer sein, als es bei der Erde der Fall ist; denn die Geschwindigkeit, mit der sich ein Oberflächenpunkt am Äquator des Jupiter bewegt, übertrifft mehr als fünfundzwanzigmal die Geschwindigkeit eines solchen auf unserem Planeten, sie beträgt $12^1/_2$ Kilometer in der Sekunde.

166. Wir haben vorher von den Streifen und anderen Flecken auf der Oberfläche des Jupiter gesprochen; wahrscheinlich ist dieser Planet mit einer außerordentlich dichten und wolkenreichen Atmosphäre umgeben, die das Sonnenlicht stark zurückwirft und ihn daher so glänzend erscheinen läßt, und die dunkleren Streifen sind Öffnungen in dem Wolkenschleier, durch die wir die Oberfläche des Planeten sehen, oder wahrscheinlicher niedrigere Wolkenschichten, die unter den obern lagern. Die Zahl und die Größe der Streifen wechseln

beständig, und über die dunkeln Flecke breiten sich fortwährend Wolkenschichten, was deutlich beweist, daß wir nicht die Oberfläche des Planeten sehen, sondern nur die sehr wolkige Atmosphäre.

Fig. 34. — Ansicht des Jupiter mit seinen Wolkenstreifen.

167. Man kennt seit lange vier Trabanten oder Monde des Jupiter, die ihn umkreisen und dieselben Veränderungen durchmachen wie unser Mond. Ihre Größenunterschiede sind nicht sehr bedeutend, sie haben ungefähr 3000 bis 6000 Kilometer im Durchmesser, stehen aber in sehr verschiedener Entfernung und

brauchen deshalb sehr verschiedene Zeit, um sich um ihr Oberhaupt zu bewegen. Der erste braucht nicht einmal 2 Tage, der zweite 3½ Tage, der dritte etwas mehr als 7 Tage, der vierte 16¾ Tage zu einem Umlauf. Alle bewegen sich in Bahnen, die wenig gegen die Ebene der Jupitersbahn geneigt sind, und so oft sie zwischen der Sonne und Jupiter durchgehen, findet folglich auf irgend einem Teile der Oberfläche des

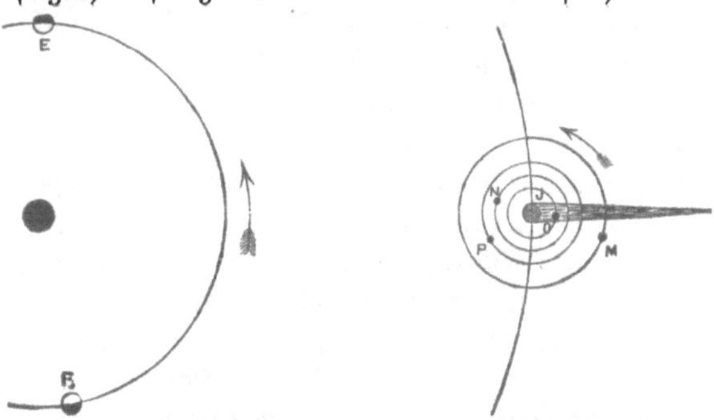

Fig. 35. — Darstellung der Verfinsterungen, Verdeckungen und Vorübergänge der Monde des Jupiter.

Planeten eine Verfinsterung der Sonne statt; nur der vierte kann, da seine Bahn hinreichend geneigt ist, über oder unter der Linie bleiben, die Sonne und Jupiter verbindet, was ihn verhindert, bei jedem Umlaufe eine Verfinsterung zu verursachen. Aus demselben Grunde werden auch die Monde bei jedem Umlauf verfinstert, wenn sie durch den Schatten des Planeten hindurchgehen.

168. Durch ein Fernrohr gesehen, scheinen die Monde des Jupiter von einer Seite des Planeten zur andern zu wandern, gerade so wie die inneren

Planeten scheinbar sich von der einen Seite der Sonne zur andern bewegen. Sie gehen daher im allgemeinen auch vor der Scheibe des Planeten vorüber; in diesem Falle findet ein sogenannter Vorübergang des Mondes statt. Auch sieht man dann kurz vor- oder nachher den Schatten des Mondes über die Planetenscheibe ziehen und wird so Zeuge des Eintritts einer Sonnenfinsternis für die etwaigen Bewohner des Jupiter. Befinden sich die Monde auf der uns abgewandten Seite ihrer Bahn, so verschwinden sie zuweilen völlig, das heißt, sie werden verfinstert, indem sie in den Schatten des Planeten kommen. (Abschnitt 167.) Die Monde können aber bei gewissen Stellungen unserer Erde zur Sonne und zum Planeten auch dadurch für uns unsichtbar werden, daß sie bloß hinter der Jupitersscheibe stehen, d. h. von ihr verdeckt werden. Die Zeichnung wird diese verschiedenen Erscheinungen deutlicher machen. Wenn die Erde auf ihrer Bahn in E ist, so geht der Mond N vor der Scheibe des Jupiter vorüber, während M verdeckt und O verfinstert ist, und in dieser relativen Lage von Erde und Jupiter wird jeder Satellit verdeckt, ehe er verfinstert wird. Steht aber die Erde in F, so tritt der Mond M in den Schatten und wird verfinstert, ohne vorher verdeckt zu werden. Dagegen hat P einen Vorübergang und O ist verfinstert; wenn aber O den Schatten verläßt, steht er hinter dem Planeten und kommt aus einer Verdeckung wieder zum Vorschein.

168a. Im Jahre 1892 hat man einen fünften Mond des Jupiter entdeckt. Er steht dem Planeten am nächsten und braucht nur einen halben Tag, um ihn zu umkreisen. Er ist sehr viel kleiner als die andern — vielleicht nur 100 bis 200 Kilometer im Durchmesser groß — und daher auch nur in den größten Riesenfernrohren unserer Zeit sichtbar. In einem großen Gegensatz zu diesem und den vier älteren Monden stehen zwei in jüngster Zeit (1905) auf photographischem Wege entdeckte Satelliten, der sechste und siebente; sie sind rund 11 Millionen Kilometer vom Jupiter entfernt und brauchen nahe drei Viertel Jahr zu einem Umlauf; sie sind äußerst lichtschwach.

169. Die Neigung der Umdrehungsachse des Jupiter gegen seine Bahnebene beträgt nahezu 87°, so daß kein merklicher Wechsel in seinen Jahreszeiten stattfinden kann. Obgleich die Größe, oder schärfer ausgedrückt, das Volumen Jupiters 1270 mal das der Erde übertrifft, d. h. 1270 Kugeln von der Größe unserer Erde zusammengeballt, erst so groß sein würden wie Jupiter, so ist sein Gewicht nur 310 mal größer als das unserer Erde. Es folgt daraus, daß die Materie, woraus Jupiter gebildet ist, viel leichter ist als die, woraus unsere Erde besteht. Nimmt man die Dichte der Erde als 1 an, so ist die Dichte Jupiters nicht ganz $^1/_4$.

Saturn.

170. Wir kommen nun zu dem zweitgrößten Planeten unseres Sonnensystems, zu Saturn, einem Himmelskörper, der, durch ein größeres Fernrohr betrachtet, einen wunderbaren Anblick bietet; denn er ist, außer von einer Anzahl von Monden, von einem

mächtigen Ringsystem umgeben. Die Bahn des Planeten steht ungefähr 1430 Millionen Kilometer von der Sonne ab, und er gebraucht 10759 Tage oder fast 29½ Erdjahre, um sie zu durchlaufen. Sein Durchmesser ist neunmal größer als der unserer Erde. Durch Beobachtung von Flecken auf seiner Oberfläche hat man seine Umdrehungszeit zu 10¼ Stunden gefunden, so daß sein Tag etwas länger ist als der des Jupiter. Die Umdrehungsachse ist 63° gegen die Bahnebene geneigt, der Wechsel der Jahreszeiten muß danach ein ähnlicher sein wie auf der Erde. Wahrscheinlich hat Saturn eine dem Jupiter sehr ähnliche Konstitution, auch seine Oberfläche ist von ähnlichen, nur zarteren, wolkenartigen Streifen durchzogen. Das Innere des Planeten ist ungemein locker, denn seine Dichte ist nur die Hälfte der des Jupiter und nur ⅛ der mittleren Dichte der Erde.

171. Was sind nun aber die Ringe? Man sieht in einem starken Fernrohr drei Ringe, einer außerhalb des andern liegend, wie Fig. 36 zeigt. Der Durchmesser des äußeren Ringes beträgt 270000 Kilometer. Die beiden äußeren sind die glänzendsten; der innere, dunkle, schieferfarbene Ring ist nur in großen Teleskopen sichtbar, und man sieht durch ihn die Kugel des Planeten durchscheinen. Trotz ihrer ungeheuren Breite sind die Ringe nur etwa 200 Kilometer dick. Sind daher ihre Kanten gegen uns gerichtet, wie es bei manchen Stellungen Saturns in seiner Bahn der Fall ist, so sind sie durch die besten Fernrohre kaum sichtbar. Man hat allen Grund zu der Annahme, daß die Ringe aus Staubmassen, d. h. einer sehr großen

Anzahl von kleinen, getrennten Teilchen bestehen, die, sozusagen als Miniatursatelliten, den Saturn umkreisen.

172. Man kennt gegenwärtig zehn Monde des Saturn, zwei davon sind erst in den letzten Jahren — 1898 und 1905 — auf photographischem Wege entdeckt worden. Sie sind sehr verschieden an Größe, der größte hat einen Durchmesser von ungefähr 4000 Kilometer, aber

Fig. 36. — Saturn und seine Ringe.

selbst er erscheint infolge seiner großen Entfernung von uns nur als ein Sternchen der 9. bis 10. Größenklasse. Bei den Saturnsmonden finden in ähnlicher Weise wie bei den Trabanten des Jupiter Finsterniserscheinungen, Bedeckungen usw. statt, allein diese Phänomene sind wegen der Neigung der Bahnen gegen die Saturnsbahn seltener und überhaupt nur in größeren Fernrohren zu beobachten. Von den acht schon länger bekannten Monden braucht der dem Planeten nächste Mond zu einem Umlauf nicht ganz einen Tag, die vier folgenden 1$^1/_2$ bis 4$^1/_2$ Tage, während die drei entferntesten erst in 16, 21 und 79 Tagen ihr Oberhaupt umkreisen. Einen merkwürdigen Gegensatz hierzu bildet der 1898 entdeckte neunte Mond, dessen Umlaufszeit 1$^1/_2$ Erdjahre beträgt; dagegen vollendet der nach der Zeit seiner Entdeckung (1905) als zehnter bezeichnete Mond einen Umlauf in ungefähr derselben Zeit von 21 Tagen, wie der siebente ältere Trabant.

Uranus.

173. In der Reihenfolge der Planeten kommt nach Saturn zunächst Uranus. Wir wissen wenig von ihm, da seine Entfernung von der Sonne sehr groß ist; sie beträgt 2870 Millionen Kilometer. Er gebraucht zu seinem Umlaufe um die Sonne 30686 Erdtage oder mehr als 84 Jahre. Sein Durchmesser ist viermal so groß als der unserer Erde, und seine Dichte ungefähr $^1/_4$ der Dichte der Erde. Uranus ist von vier Trabanten oder Monden umgeben, sie sind noch schwieriger von der Erde aus sichtbar als die Mehrzahl der Saturnssatelliten und vollenden ihren Umlauf um den Planeten in etwa 2$^1/_2$, 4, 9 und 13 Tagen.

Neptun.

174. Auf Uranus folgt Neptun, der entfernteste der bis jetzt bekannten Planeten unseres Systems; seine Entfernung von der Sonne beläuft sich auf 4500 Millionen Kilometer, und er braucht 60188 Tage oder nahezu 165 Jahre, um sich einmal um die Sonne zu bewegen. Sein Durchmesser ist ungefähr vierundein=

halbmal so groß als der unserer Erde, und seine Dichte etwas geringer als die Dichte von Uranus.

175. Die Entdeckung des Neptun ist besonders interessant, weil sie zeigt, wie der Ort, die Masse und andere Eigenschaften eines Planeten durch seine Wirkung auf andere entfernte Himmelskörper berechnet werden können, noch ehe ihn das Auge des Astronomen sieht. Während längerer Zeit war bemerkt worden, daß Uranus in einem Teile seiner Bahn sich langsamer und im anderen schneller bewegte, als er sollte, und man schloß daraus, daß ein noch unbekannter Körper die Bewegung des Planeten beeinflusse. In der Tat gelang es, den Ort dieses „störenden" Körpers mit einer solchen Genauigkeit zu berechnen, daß man nur das Fernrohr auf die betreffende Stelle des Himmels zu richten hatte, um den neuen Planeten — denn nur um einen solchen konnte es sich handeln — aufzufinden. Bis jetzt kennt man nur einen Mond des Neptun, der in etwa sechs Tagen einen Umlauf macht, doch nur durch die mächtigsten Teleskope gesehen werden kann.

§ 6. Kometen, Meteoriten und Sternschnuppen.

176. Außer den Planeten gibt es noch andere Glieder unseres Systems von verschiedener Art. Man könnte sagen, daß die Planeten die ständigen Mitglieder des Sonnenhaushaltes sind, dagegen die Himmelskörper, die wir nun betrachten wollen, die Besucher.

177. Wer einen Kometen gesehen hat, braucht nicht an das merkwürdige Aussehen dieser Himmelskörper erinnert zu werden, und wer noch keinen gesehen hat, wird aus den Zeichnungen Fig. 37 und Fig. 38 von

dieser Klasse Körper eine Vorstellung bekommen. Die Kometen sind in Gestalt, Größe und Glanz äußerst verschieden, die meisten bleiben für das bloße Auge unsichtbar. Bei den sehr hellen Kometen kann man drei Teile unterscheiden, einen sternartigen Kern, der umgeben ist von einer dunstartigen Hülle, der soge-

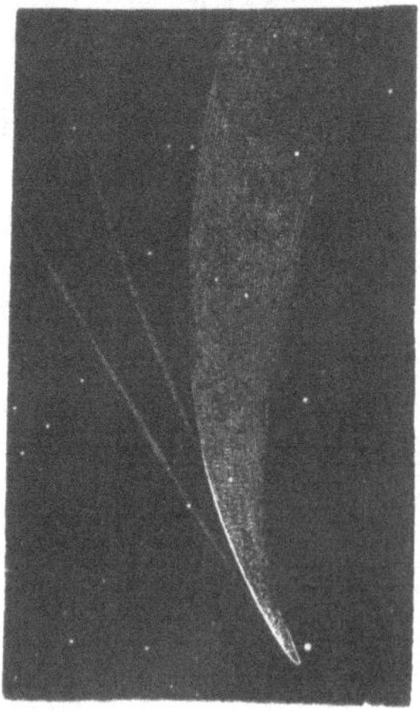

Fig. 37. — Ansicht eines Kometen für das bloße Auge.

nannten Koma; sie bildet mit dem Kern den Kopf des Kometen. Der Schweif ist eine von der Sonne abgewandte Fortsetzung der Koma und erscheint als ein mattweißer Streifen, der mit zunehmender Entfernung vom Kopf breiter, aber zugleich auch matter wird. Er hat manchmal eine ungeheure Länge, selbst bis zu Millionen von Kilometern.

178. Die Mehrzahl der Kometen, die in unser Sonnensystem gelangen, nähern sich der Sonne, unter deren Herrschaft sie hier geraten, bis auf einen größeren oder geringeren Abstand, verlieren sich dann aber wieder, indem sie die ihnen aufgezwungene Bahn weiter verfolgen, in ungemessene Fernen. Es gibt aber auch andere, die unserem System angehören und sich wie die Planeten um die Sonne bewegen, nur daß ihre Bahnen, anstatt nahe kreisförmig zu sein, sehr oval sind. Die Folge davon ist, daß diese Kometen zu gewissen Zeiten der Sonne sehr nahe kommen, und sich dann wieder weit von ihr entfernen, um nach Verlauf einer gewissen Anzahl von Jahren wieder zu ihr zurückzukehren. Man bezeichnet sie als periodische Kometen. Es gibt mehrere solcher periodischen Kometen, deren Bahnen genau bekannt sind; die berühmtesten sind Enckes Komet, der eine Umlaufszeit von $3^1/_3$ Jahren hat und Halleys Komet, der sich in 76 Jahren um die Sonne bewegt und nach der Vorausberechnung im Jahre 1910 wieder in die Sonnennähe gelangen wird.

179. Die Kometenbahnen haben sehr verschiedene und zuweilen sehr große Neigungen, sie gleichen darin nicht den Planetenbahnen, die alle in fast derselben Ebene, der Ebene der Ekliptik, liegen. Etwa die Hälfte der Kometen bewegt sich in entgegengesetzter Richtung wie die Planeten, d. h. von Ost nach West, um die die Sonne; diese Kometen nennt man rückläufige.

180. Die Masse der Kometen ist außerordentlich gering, während ihr Umfang und Volumen ungeheuer sind. Der auf Fig. 37 abgebildete Donati'sche Komet

hatte einen Schweif von vielen Millionen Kilometer Länge, und doch waren schwache Sterne, die eine dünne Wolke oder eine Rauchsäule unsichtbar machen würde, durch diesen Schweif sichtbar. Je näher ein Komet der Sonne kommt, um so mehr entwickeln sich die

Fig. 38. — Kopf und Hülle eines Kometen im Fernrohr.

einzelnen Teile, auch fächerförmige Ausströmungen pflegen dann aufzutreten.

181. Ehe wir nun weiter auf diese merkwürdigen Himmelskörper eingehen, wollen wir uns erinnern, daß wir zuweilen bei Betrachtung des nächtlichen Himmels einen glänzenden Punkt, einem Sterne ähnlich, bemerkt haben, der rasch am Firmament dahinschoß, um nach wenigen Augenblicken wieder zu verschwinden. Gewöhn-

lich kann man mit ein wenig Aufmerksamkeit in jeder klaren Nacht deren mehrere sehen. Man nennt sie Sternschnuppen oder Meteore oder, fallen sie wirklich auf die Erde, wie es nicht selten vorkommt, Meteoriten. Die scheinbare Größe und die Helligkeit der Sternschnuppen sind sehr verschieden; die kleineren herrschen vor; die größeren oder helleren, Meteore genannt, sind seltener, entwickeln aber manchmal einen Glanz, der den des Jupiter oder selbst des Mondes übertrifft; auch bleiben sie im Gegensatz zu den weniger hellen Sternschnuppen zuweilen mehrere Sekunden sichtbar und lassen eine feurige Spur in Gestalt eines Schweifes zurück.

182. Da einige dieser Körper auf die Erde fallen, so kann der Chemiker sie untersuchen und ausfindig machen, woraus sie bestehen; gerade wie er gefunden hat, aus welchen Stoffen die Erde gebildet ist. Die Beschaffenheit der einen ist hauptsächlich metallisch, andere sind steinig. Wenn sie in unsere Atmosphäre stürzen, werden sie infolge des Widerstandes, den die Luft ihrer Bewegung entgegensetzt, dermaßen erhitzt, daß sie ins Glühen geraten, und, falls sie klein genug sind, verdampfen, ehe sie die Erde erreichen; die größeren aber werden nicht gänzlich zerstört, nur ihre Oberfläche schmilzt, und ihre Größe verringert sich. Eine Anzahl solcher Meteoriten, die der Zerstörung entronnen sind, befinden sich in den mineralogischen Museen, darunter solche bis zu 3000 Kilogramm an Gewicht.

183. Durch anhaltende Beobachtungen hat man gefunden, daß die Mehrzahl der Sternschnuppen während verschiedener Nächte aus bestimmten Teilen des Himmels

zu kommen scheinen, und daß zu gewissen Zeiten des Jahres viel mehr Sternschnuppen fallen als sonst. Es gibt z. B. die bekannten Sternschnuppenfälle vom 13.—15. November und vom 9.—11. August; jene kommen aus dem Sternbilde des Löwen (man nennt sie die Leoniden) und die im August aus dem Sternbild des Perseus (die Perseiden).

184. Man weiß jetzt, daß diese Meteorschwärme sich um die Sonne bewegen wie die Planeten und manche Kometen, und daß ihre Bahnen dieselbe Gestalt, Größe und Lage haben wie die gewisser Kometen. Und hieraus kann man weiter schließen, daß Kometen nichts anderes sind als Wolken oder Ansammlungen von Meteoren. Kommt nun ein Komet der Sonne oder einem Planeten wiederholt sehr nahe, so löst sich der Schwarm im Laufe der Zeit mehr und mehr auf, und die einzelnen Körperchen verteilen sich schließlich über die ganze Bahn. Schneidet die Erdbahn die Bahn eines solchen Kometen oder Meteorstromes, so treffen wir an dem Tage, an dem wir durch den Schnittpunkt hindurchgehen, auf eine große Menge von Bestandteilchen des Kometen, und wir haben das prächtige Schauspiel eines reichen Sternschnuppenfalles. Die Erkenntnis dieser Verwandtschaft zwischen Kometen und Meteoren ist eine der größten Entdeckungen der Neuzeit.

184a. Was sind aber die Kometenschweife? Wir können auf diese schwierige Frage nur antworten, daß die Kometenschweife aus Gasen und Dämpfen bestehen, die bei der Annäherung an die Sonne aus den Bestandteilen der Kometen ausgeschieden werden und sich verflüchtigen. Der Schweif ist daher nicht etwa ein Anhängsel, das der Komet fortwährend nach sich zieht, er ist vielmehr einer Dampfsäule zu vergleichen, die aus dem Kometen aufsteigt und sich beständig erneuert.

185. In früheren Zeiten wurde das Erscheinen eines Kometen am Himmel mit Furcht und Schrecken betrachtet; man sah darin den Vorboten großen Unheils, das über die Erde und ihre Bewohner hereinbrechen sollte. Die Wissenschaft hat diesen Aberglauben längst beseitigt; jeder neue Himmelskörper vertieft unsere Kenntnis der Natur und erfüllt uns mit immer größerer Bewunderung für die Herrlichkeit des Weltgebäudes, das wir bewohnen.

IV. Die Sonne — der nächste Stern.

§ 1. Der Einfluß der Sonne im Sonnensystem.

186. Im Vorhergehenden wurde versucht, zu zeigen, was die Erde ist — (nicht woraus sie gemacht ist: das lehrt uns die Chemie; oder wie sie aussieht, wie ihre Oberfläche aus Land und Meer besteht, oder wie sie mit einer Atmosphäre umgeben ist: das lernen wir in dem Lehrbuch der physikalischen Geographie), — und wir fanden, daß sie ein kalter Körper ist, der sich um die Sonne bewegt; weil sie kalt ist, besitzt sie kein eigenes Licht; sie erhält es von der Sonne.

187. Dann haben wir gelernt, daß sie einer von mehreren einander ähnlichen Weltkörpern ist, Planeten genannt, die sich um die Sonne bewegen, wie die Erde kalte Körper sind und deshalb nicht in eigenem Lichte leuchten.

188. Auch haben wir gesehen, daß die Länge des Erdjahres und der Jahre der anderen Planeten durch die Zeit bedingt wird, in der sich ein jeder Planet um die Sonne bewegt, und daß die Länge des Erdtages und der Tage der anderen Planeten von der Geschwindigkeit abhängt, womit sich der Planet um seine Achse dreht und so jeden Teil seiner Oberfläche dem Sonnenlichte zukehrt.

189. Weiter sahen wir, wie die Neigung der Erdachse und die der anderen Planeten die Jahreszeiten bestimmt, und wie deren Wechsel hauptsächlich davon herrührt, daß während einer Zeit des Jahres jeder Teil eines Planeten dem Sonnenlichte ausgesetzt und während einer anderen Zeitdauer dem Einfluß der Sonne entzogen ist.

190. Daraus erkennen wir, daß die Sonne auf alles Einfluß hat. Was ist nun diese Sonne, die den Mittelpunkt einnimmt, um den alle Planeten kreisen, und die für sie so wichtig ist, daß sozusagen dieser Planeten Leben selbst nur von den Strahlen der Sonne abhängt?

§ 2. Die Wärme, das Licht, die Größe und Entfernung der Sonne.

191. Die wichtigste Tatsache ist, daß die Sonne ein Körper von ungemein hoher Temperatur ist. Die Hitze der Sonne ist so ungeheuer, daß der Versuch, einen Begriff davon zu geben, ganz nutzlos wäre. Man vergesse nicht, daß, wie bereits gesagt worden ist, die anderen Planeten, gleich der Erde, kalte Weltkörper, sind, d. h. Weltkörper, auf deren Oberfläche manche Stoffe in festem Zustande bestehen können. Daher

sprechen wir von der „festen Erde". Aber auf der Sonne ist nichts fest: alles besteht in der Form von glühenden Dämpfen und Gasen.

192. Infolge dieser ungeheuren Hitze scheint die Sonne mit eigenem Lichte. Dies ist, wie schon gesagt, bei den Planeten und ihren Monden (unsern Mond mit inbegriffen) nicht der Fall.

193. Die Sonne ist eine Kugel von so außerordentlichen Dimensionen, daß ihre Größe nahezu 550 mal die Größe aller Planeten zusammen in sich begreift. Nähmen wir gegen 1 1/4 Millionen Erden und ballten sie in eine Kugel zusammen, so bekämen wir ungefähr eine Kugel von der Größe der Sonne.

Fig. 39. — Wie die Größe der Sonne bestimmt wird.

194. Wir wissen bereits, daß die Sonne 149 Millionen Kilometer von uns entfernt ist. Auf die Art und Weise der Bestimmung dieser Entfernung einzugehen, würde uns für unseren gegenwärtigen Zweck zu weit führen. Doch mag angeführt werden, daß man bei Kenntnis ihrer Entfernung und scheinbaren Größe auf folgende Art ihren Durchmesser bestimmen kann. Denken wir uns Linien von jeder Seite der Sonne zum Auge gezogen, wie AB und AC Fig. 39, wo B C den Durchmesser der Sonne darstellt, so finden wir, daß die Neigung der beiden Linien gegen einander derart ist, daß alle Querlinien zwischen ihnen, wie z. B. DE oder FG den $^1/_{107}$ Teil der Entfernung

von A ausmachen; so ist auch BC der $^1/_{107}$ Teil der Entfernung AB, die nach dem Vorhergehenden 149 Millionen Kilometer beträgt. Dividieren wir diese Zahl durch 107, so bekommen wir 1 390 000 als Entfernung von B zu C, d. i. als Durchmesser der Sonne in Kilometern.

§ 3. Wie die Sonne aussieht.

195. Ohne Hilfe eines Fernrohrs und dunkler Gläser lassen sich an der Sonne nicht viele Beobachtungen machen. Es ist ihrer ungeheuren Hitze und Helligkeit wegen gefährlich, sie ohne besondere Vorsichtsmaßregeln zu beobachten [1]). Schwärzen wir jedoch über einem Licht ein Stück Glas und sehen dadurch in die Sonne, so erscheint sie uns als eine glänzende, runde Scheibe; da jeder einzelne Teil durch sein eigenes Licht leuchtet, so ist sie, dem Monde unähnlich, stets rund. Diese leuchtende Oberfläche heißt die Photosphäre. Durch ein Fernrohr sieht man auf ihr häufig dunkle Flecke; dann und wann sind diese so groß, daß sie auch ohne Fernrohr sichtbar sind.

195a. Die Form der Flecke ist ungemein mannigfaltig; jedoch kann man meist in jedem Sonnenfleck zwei wesentlich verschiedene Teile unterscheiden: den inneren zentralen Teil, Kernfleck oder Schatten, der fast schwarz erscheint, und einen diesen umgebenden mattgrauen Hof oder Halbschatten. Man glaube aber nicht, daß der Kernfleck ganz und gar dunkel ist; seine schwarze Färbung ist nur eine Folge des Kontrastes

[1]) Die jungen Leser dieses Büchleins mögen es nie versuchen, direkt oder gar mit einem Fernrohr in die Sonne zu sehen; sie könnten dabei sofort erblinden.

zwischen dem Licht des Fleckes und dem weit stärkeren Licht des benachbarten Teiles der Sonnenscheibe.

196. In der Nähe dieser Flecke gewahrt man stellenweise glänzendere Stellen, die sich von der Umgebung abheben; diese wellenartig sich hinziehenden Lichtadern heißen Fackeln und sind wahrscheinlich ungeheure, mehrere tausend Kilometer lange Schichten von heller leuchtenden Dämpfen. Beobachtet man die Flecke und Fackeln von Zeit zu Zeit, so findet man, daß sie beständig andere Formen annehmen.

§ 4. Sonnenflecke.

197. Obgleich die Sonne so weit von uns entfernt ist, sind doch die Flecke infolge ihrer oft ungeheuren Größe und der Gewalt der bei ihrer Bildung tätigen Kräfte schöne Objekte für den Anblick im Fernrohr. Die Figur 40 gibt die Zeichnung eines Sonnenflecks, der so groß ist, daß mehrere Erden darin Platz hätten.

198. Wenn man einen solchen Fleck mehrere Tage nach einander beobachtet, so bemerkt man leicht, daß er seinen Ort auf der Sonnenscheibe beständig ändert; hat man ihn zuerst in der Nähe des Ostrandes gesehen, so steht er etliche Tage später mehr nach der Mitte zu, und wieder einige Tage später findet man ihn über die Mitte hinaus nach Westen fortgerückt, bis er zuletzt am Westrand der Sonne verschwindet.

199. Da nun alle Flecke dieselbe Bewegung in derselben Richtung haben, so bewegt sich offenbar die Oberfläche der Sonne samt den Flecken. Beobachtet man die Zeit, wann ein gut kenntlicher Fleck im Westen der Scheibe verschwindet, so wird man finden, daß er

nach ungefähr 13 bis 14 Tagen wieder am Ostrande auftaucht und in ungefähr 27 Tagen zu der Stellung zurückkehrt, in der er zuerst beobachtet wurde; er hat also in dieser Zeit den Weg über die Scheibe und hinten um sie herum gemacht.

200. Die Oberfläche der Sonne hat sich mithin in der Richtung von Westen nach Osten herumbewegt und

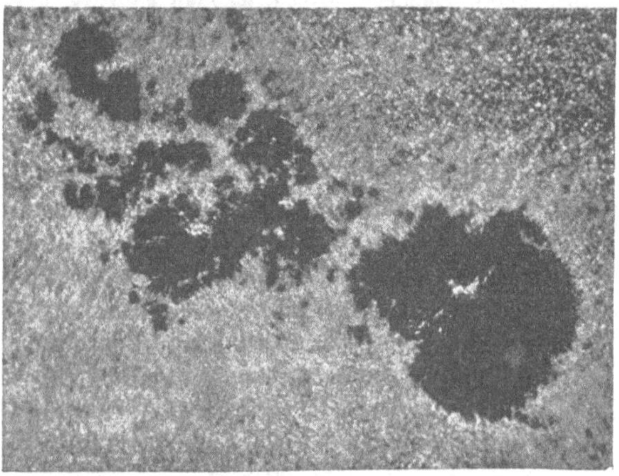

Fig. 40. Ein Sonnenfleck.

zwar in einer etwas geringeren Zeit als 27 Tage, nämlich in 25 Tagen (vgl. Abschnitt 111); es dreht sich also die ganze Sonne samt den Flecken und Fackeln während dieser Zeit einmal um ihre Achse.

201. Sehen wir nun, was die Beobachtung uns weiter über die Sonnenflecke lehrt. Beobachtet man einen ziemlich regelmäßigen Fleck, der nahe dem Mittelpunkt der Scheibe steht, so erscheint er rund; beobachtet

man ihn einige Tage später in der Nähe des Randes, so sehen wir ihn nicht mehr in derselben Form; der mittlere, dunkelste Teil hat sich scheinbar nach links bewegt, und der Halbschatten an der dem Mittelpunkte der Sonne zugekehrten Seite ist verschwunden. Wir können das, was wir hier an der Sonne beobachtet haben, durch folgenden Versuch nachahmen, der uns zugleich die Erklärung geben wird. Man nehme eine gewöhnliche Untertasse und schwärze den Teil, worauf die Tasse zu stehen pflegt. Blickt man gerade darauf, so sieht man den schwarzen Teil von den schrägen Seitenteilen gleichmäßig umgeben, wie in A Fig. 41.

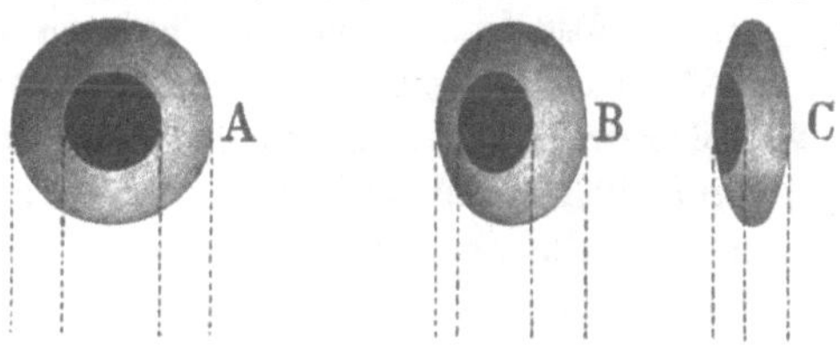

Fig. 41. Erklärung der durch die Sonnenflecke verursachten Erscheinungen.

Dreht man hierauf die Untertasse, so daß die linke Seite sich dem Auge nähert, die rechte sich davon entfernt, so verschwindet der linke Rand mehr und mehr, während der rechte Rand dem Auge fast flach gegenüber zu stehen kommt und zuletzt wie in C erscheint.

202. Würde man also auf einem großen Globus eine Höhlung in Form einer Untertasse anbringen, so würde diese demselben Wechsel unterworfen sein wie die Untertasse und der auf ihr befindliche Fleck, und wir schließen hieraus, daß die Sonnenflecke Höhlungen in der leuchtenden Schicht oder der Photosphäre sind.

Diese Vertiefungen sind aber, wie man durch andere Beobachtungen gefunden hat, nicht leer, sondern mit Gasen angefüllt, die das Licht, das darunter ausströmt, teilweise zurückhalten.

202 a. Wie schon (Abschnitt 195) angedeutet wurde, ist die Sonne nicht immer in gleicher Weise mit Flecken bedeckt. In gewissen Jahren ist während ganzer Monate keine Spur eines Fleckes zu erkennen, in anderen sieht man die Sonne an keinem Tage fleckenfrei. Durch anhaltende Aufzeichnungen hat man gefunden, daß die Häufigkeit der Flecke ziemlich regelmäßig sich ändert, indem sie durchschnittlich alle 11 Jahre einen größten Wert erreicht. Das letzte sogenannte Maximum der Sonnenflecke fand im Jahre 1894 statt, von da ab nahm ihre Anzahl wieder ab und sank 1901 auf ungefähr Null. Gegenwärtig (1906) befinden wir uns wieder in einem Maximum der fleckenerzeugenden Tätigkeit der Sonne. Eine sichere Erklärung dieser merkwürdigen Erscheinung ist noch nicht gefunden.

§ 5. Die Atmosphäre der Sonne.

203. Die Sonne, die wir gewöhnlich sehen, ist nicht die ganze Sonne, sondern nur ihr dichterer Teil; die weniger dichten und weniger leuchtenden Gase und Dämpfe dehnen sich außerhalb der sichtbaren Sonnenscheibe hunderttausende von Kilometern aus, aber gewöhnlich sehen wir sie nicht. Nur bei Sonnenfinsternissen, wenn das Sonnenlicht durch den Mond abgehalten wird (Abschnitt 114), können wir sie beobachten. Dann erscheinen sie in prächtigen Farben, worunter rot am meisten vorkommt. Sie sind glänzender in der

Nähe der Sonne und bilden hier eine Hülle um sie, die „Chromosphäre“, die man mittels des Spektroskops wahrnehmen kann. Nicht selten werden aus diesen unteren Schichten des Sonnenkörpers gewaltige Massen von leichteren Gasen und Dämpfen in die äußere Sonnenatmosphäre, die „Korona“, empor-

Fig. 42. Die äußere Atmosphäre (Korona) der Sonne.

geschleudert; man nennt sie Protuberanzen. Sie erscheinen in den mannigfaltigsten, oft sehr phantastischen Formen, sind aber raschen Veränderungen unterworfen. Auch die Protuberanzen zeigen eine ähnliche periodische Häufigkeit wie die Flecke.

§ 6. Aus was die Sonne besteht.

204. Durch Untersuchung des Sonnenlichtes mit dem soeben erwähnten Spektroskop, einem Instrumente, das jedes Licht in die es zusammensetzenden Farben

zerlegt, gerade wie die Glasstückchen an Kronleuchtern das Licht in alle Farben des Regenbogens zerspalten, hat man gefunden, daß eine große Anzahl unserer Metalle in der Sonne vorhanden ist, und zwar, nach dem früher Gesagten, nicht in festem, sondern in dampfförmigem Zustand; denn die Wärme ist dort so groß, daß die Metalle verdampfen, wie bei uns das Wasser. Unter den Elementen, die wir auf der Erde kennen, findet sich vorzüglich Wasserstoff, und dann Dämpfe von Magnesium, Calcium, Sodium, Eisen, Mangan, Nickel, Barium, Strontium und sehr vielen anderen Metallen, außerdem scheinen noch einige unbekannte Elemente auf der Sonne vorzukommen.

205. Seitdem wir nun wissen, daß die Sonne hauptsächlich aus Dämpfen besteht, werden wir uns nicht mehr wundern, wenn ihre Dichte geringer ist als die der Erde. Sie ist in der Tat nur ein Viertel von der unseres Planeten.

§ 7. Die Sonne ist der nächste Stern.

206. Es war notwendig, auf die sogenannte physische Konstitution der Sonne etwas näher einzugehen, nicht nur deshalb, weil wir hier ein Beispiel eines Körpers haben, der, wie wir sahen, den Planeten sehr unähnlich ist, sondern weil wir jetzt wissen, daß die Sonne ein Stern ist, größer und glänzender als die andern Sterne, nicht weil sie ihnen unähnlich, sondern einfach deshalb, weil sie uns so nahe ist.

207. Wir können nun das Sonnensystem einfach so erklären: es besteht im wesentlichen aus einer Anzahl kalter Himmelskörper, die sich um einen Wärme

und Licht ausstrahlenden Himmelskörper bewegen. Wie wir die Erde als Muster eines Planeten betrachten können, so ist uns die Sonne ein Abbild der unzähligen leuchtenden Sterne, die den Weltraum bevölkern. So wie aber die einzelnen Planeten unseres Systems an Größe, Masse, usw. von einander verschieden sind, so gleichen auch die leuchtenden Sterne einander nicht vollkommen; gewisse werden größer, andere kleiner sein als unsere Sonne, die einen werden eine höhere, andere eine niedrigere Temperatur haben; immerhin ist die Annahme berechtigt, daß auch diese Sterne oder wenigstens viele davon von einem Gefolge von begleitenden Planeten umgeben sind, wie es bei unserer Sonne der Fall ist.

V. Die Sterne.

§ 1. Die Sterne sind entfernte Sonnen.

208. Wenden wir uns jetzt von der Sonne — dem nächsten Sterne, der uns Wärme und Licht spendet — zu den entfernteren Sternen. Im Gegensatz zu diesem mächtigen Weltkörper, dessen Strahlen so überaus heiß sind, erscheinen uns die entfernteren Sterne als kleine, im Himmelsraum zerstreute Lichtpunkte, deren erwärmende Kraft für uns ganz unfühlbar ist. Und doch sind diese kleinen funkelnden Sterne Sonnen, die wie die unsrige Licht und Wärme ausstrahlen; nur ist ihr Abstand von uns so unfaßbar groß — selbst die uns nächsten Sterne sind mehr als 250 000 Sonnenweiten von uns entfernt —, daß sie auch im Fern-

rohr nur als Punkte erscheinen. Wir haben jedoch Grund, anzunehmen, daß manche Sterne größer sind als unsere Sonne.

§ 2. Die Helligkeit der Sterne.

209. Betrachten wir nachts die Sterne, so bemerken wir, daß sie von ungleicher Helligkeit sind. Sind nun die schwächeren kleiner als die andern, oder sind die glänzenderen uns näher? Es ist schwer, dies mit Sicherheit zu sagen; denn manchmal sind glänzende Sterne uns verhältnismäßig nahe; es gibt aber auch minder helle Sterne, die eben so nahe sind, so daß sowohl Größe als Entfernung ins Spiel kommen.

210. Man ordnet die Sterne nach Größenklassen, je nach dem Grade ihrer Helligkeit. Von den hellsten sagt man, sie seien erster Größe, die nächsthellen Sterne nennt man zweiter Größe, und so geht es herab bis zu Sternen fünfzehnter und sechzehnter Größe, die nur durch die stärksten Fernrohre sichtbar sind. Die schwächsten in einer heiteren Nacht für das bloße Auge sichtbaren Sterne sind ungefähr sechster Größe. Man denke nur nicht, daß hier mit Größe der wirkliche Umfang oder das Volumen gemeint sei; denn ein großer Stern kann weit entfernt sein und deshalb mit einem weit kleineren, der uns näher ist, zu einer und derselben Größen- d. h. Helligkeitsklasse gehören.

211. Es gibt ungefähr 6000 Sterne von der ersten bis zur sechsten Größenklasse, 3000 auf der nördlichen Himmelshalbkugel und etwa ebensoviele auf der südlichen, die man mit unbewaffnetem Auge sehen kann. Durch starke Fernrohre sind mehr als 25 Millionen sichtbar.

211 a. Die große Mehrzahl der Sterne erscheint uns in immer gleicher Helligkeit, doch gibt es auch Ausnahmen, Sterne, die ihren Glanz ersichtlich ändern; man nennt sie veränderliche Sterne. Die Änderungen sind meist gering, in manchen Fällen aber sehr auffällig; bei einigen Sternen geht der Lichtwechsel rasch, in wenigen Tagen und selbst Stunden, bei andern langsam vor sich; er erfolgt entweder regelmäßig und immer in derselben Weise, oder auch ganz unregelmäßig. Der Stern Algol im Sternbild des Perseus (β Persei, Abschnitt 219) erscheint uns während etwa $2^1/_2$ Tagen als ein Stern der 2. Größe, sinkt dann binnen wenigen Stunden auf die Helligkeit eines Sternes der 4. Größe und steigt darauf ebenso rasch wieder zur 2. Größe an. Bei einem Stern im Sternbilde des „Walfisches“ (Mira Ceti, d. i. der „Wunderbare“ genannt) schwankt die Helligkeit derartig, daß er zu gewissen Zeiten für das bloße Auge leicht sichtbar ist, zu anderen dagegen nur durch das Fernrohr gesehen werden kann; der Lichtwechsel dauert etwa 11 Monate.

211 b. Die Ursachen der Lichtänderungen sind nicht bei allen Sternen die gleichen, und wir können sie in vielen Fällen nur vermuten. Bei einem Stern, der sein Licht regelmäßig und schnell ändert, kann man ziemlich sicher annehmen, daß ein dunklerer Körper ihn umkreist und durch sein jeweiliges Davortreten ganz oder zum Teil verfinstert. (Algol, Abschnitt 211 a). Bei Sternen, deren Lichtwechsel langsamer vor sich geht, ist die Ursache vielleicht in einer periodischen Zu- und Abnahme von Flecken auf ihrer Oberfläche zu

suchen, wie wir eine solche früher bei der Sonne kennen gelernt haben. Auch die Umdrehung eines Sternes um seine Achse kann, wenn seine Oberfläche ungleichmäßig leuchtet, einen periodischen Wechsel seines Glanzes hervorrufen.

211 c. Man hat auch zuweilen beobachtet, daß ein Stern fast plötzlich aufgeflammt ist und allmählich wieder an Helligkeit abgenommen hat; solche Sterne werden als neue oder temporäre Sterne bezeichnet. Man erklärt dies durch die Annahme, daß ein dunkler Himmelskörper auf seinem Wege durch den Weltraum mit einem andern Stern, oder, was wahrscheinlicher ist, mit einer großen Nebelwolke zusammentrifft und durch die ungeheure Wärme, die sich bei einem derartigen Zusammenstoß entwickelt, ins Glühen gerät. Auch andere Katastrophen, wie Ausbrüche von Gasmassen aus dem Innern, können bewirken, daß ein Stern, der früher für uns unsichtbar war, plötzlich als ein heller Stern aufleuchtet.

212. In einer heiteren mondlosen Nacht sieht man einen schwachen Lichtgürtel, der sich von Horizont zu Horizont über den Himmel erstreckt. Das ist die Milchstraße. Sie umzieht das ganze Himmelsgewölbe und besteht aus einer fast unzählbaren Menge kleiner Sterne, die scheinbar so nahe zusammenstehen, daß sie eine leuchtende Fläche bilden. Man schätzt, daß von den 25 Millionen Sternen, die man mit dem Fernrohr sehen kann, vielleicht 20 Millionen in und nahe der Milchstraße liegen. Wir bekommen hier einen Begriff von der Unermeßlichkeit unseres Weltgebäudes, wenn wir bedenken, daß die Sterne nicht wirklich, sondern nur scheinbar einander so nahe sind; ihre gegenseitige

Entfernung mag vielleicht so groß sein wie der Abstand unserer Sonne von dem uns nächsten Sterne.

213. Wir wollen uns einen Wald vorstellen, worin alle Bäume in ungefähr gleicher Entfernung von uns gepflanzt sind. Begeben wir uns dann in den Wald und näher an eine Seite, so scheinen uns die Bäume um so dichter zu stehen, je tiefer wir in den Wald hineinblicken. So ist es auch mit den Sternen der Milchstraße.

214. Die Farben der Sterne sind verschieden; einige Sterne sind weiß, andere gelb, orangefarbig und rot. Sirius ist weiß, Capella gelblich, Beteigeuze rot; doch unterscheidet man diese Farben besser durch das Fernrohr als mit bloßem Auge. Die Verschiedenheit der Farbe weist auf Verschiedenheit der Temperatur und Zusammensetzung. Die weißen Sterne sind die heißesten; rote Sterne sind viel kälter als unsere Sonne und dem Erlöschen näher gerückt.

§ 3. Die Konstellationen oder Sternbilder.

215. Die Sterne wurden, soweit die Geschichte uns zurückzublicken gestattet, in Sternbildern zusammengestellt, und ein jedes Sternbild erhielt einen Namen. Die Sonne durchläuft die Sternbilder des Tierkreises, die wie die Sonne selbst sowohl auf der nördlichen als auf der südlichen Erdhälfte sichtbar sind. Es sind folgende: Aries, Taurus, Gemini, Cancer, Leo, Virgo, Libra, Scorpius, Sagittarius, Capricornus, Aquarius und Pisces, welches die lateinischen Namen für die Sternbilder sind. Man kann sie der Ordnung nach aus folgendem Reim lernen:

„Der Widder, der Stier, das Zwillingspaar,
der Krebs, der Löwe leuchten klar,
Samt Jungfrau und der Wage;
Der Skorpion ohne Stachel und Gift,
Der Schütze, dessen Pfeil nicht trifft —
Sieh dir den Steinbock, den Wassermann,
Die Fische mit glänzenden Schuppen an,
Sie stehen bis ans Ende der Tage."

216. Die in der nördlichen Halbkugel oberhalb der Sternbilder des Tierkreises sichtbaren Sternbilder nennt man die nördlichen Konstellationen; es sind hauptsächlich folgende:

Ursa major	Der große Bär.
Ursa minor	Der kleine Bär.
Draco	Der Drache.
Cepheus	Cepheus.
Bootes	Bootes.
Corona borealis	Die nördliche Krone.
Hercules	Herkules.
Lyra	Die Leier.
Cygnus	Der Schwan.
Cassiopea	Kassiopeia.
Perseus	Perseus.
Auriga	Der Fuhrmann.
Ophiuchus	Der Schlangenträger.
Serpens	Die Schlange.
Sagitta	Der Pfeil.
Aquila	Der Adler.
Delphinus	Der Delphin.
Equuleus	Das kleine Pferd.
Pegasus	Pegasus.
Andromeda	Andromeda.
Triangulum	Das Dreieck.

Camelopardalus . . . . Die Giraffe.
Canes Venatici . . . . Die Jagdhunde.
Vulpecula et Anser . . Der Fuchs und die Gans.

217. Die südlich von den Sternbildern des Tierkreises gelegenen und nur zum Teil bei uns sichtbaren Sternbilder nennt man die südlichen Konstellationen; es sind diese:

Cetus . . . . Der Walfisch.
Orion . . . . Orion.
Eridanus . . . . Der Fluß Eridanus.
Lepus . . . . Der Hase.
Canis major . . . . . . Der große Hund.
Canis minor . . . . . . Der kleine Hund.
Argo Navis . . . . . . Das Schiff Argo.
Hydra . . . . Die Wasserschlange.
Crater . . . . Der Becher.
Corvus . . . . Der Rabe.
Centaurus . . . . . . Der Centaur.
Lupus . . . . Der Wolf.
Ara . . . . Der Altar.
Corona australis . . . . Die südliche Krone.
Piscis austrinus . . . . Der südliche Fisch.
Monoceros . . . . . Das Einhorn.
Columba . . . . Die Taube.
Crux . . . . Das Kreuz.

218. Um die Stellungen der verschiedenen Sternbilder und Sterne kennen zu lernen, brauchen wir eine Sternkarte, und zum Beginn wird ein Freund nützlich sein, der uns einige der Hauptsternbilder zeigt. Diese sind in den vorstehenden Verzeichnissen mit fetterer Schrift gedruckt.

219. Die helleren Sterne eines jeden Sternbildes werden durch die Buchstaben des griechischen Alphabets

bezeichnet: der glänzendste Stern heißt gemeiniglich Alpha; andere haben Ziffern; so sprechen wir von einem Stern α (Alpha) Lyræ, von 61 Cygni usw. Neben diesen Bezeichnungen tragen die Hauptsterne auch besondere Namen, so heißt α Canis majoris: Sirius; α Aurigae: Capella; α Bootis: Arcturus; α Lyræ: Wega; usw.

§ 4. Scheinbare Bewegungen der Sterne.

220. Als wir uns mit der Erde beschäftigten, fanden wir, daß sie gleichsam ein sich bewegendes Observatorium ist, und daß wir deshalb die wirkliche Bewegung der übrigen Himmelskörper von der Bewegung der Erde, von der aus wir unsere Beobachtungen machen, trennen müssen. Es ist gut, hierauf noch einmal zurückzukommen. Vergleichen wir die Erde mit einem Boot auf der See, in dem wir uns selbst befinden; wird das Boot rasch herumgedreht, ohne daß wir es unmittelbar merken, so kommt es uns vor, als bewegten sich alle Schiffe, die wir sehen, um uns herum und zwar entgegengesetzt der Richtung, in der das Boot sich dreht. Es ist aber höchst unwahrscheinlich, daß sich alle Schiffe gleich geschwind bewegen, ohne ihre gegenseitige Stellung zu ändern; wir zweifeln daher keinen Augenblick, daß unser Boot sich bewegt und nicht die andern Schiffe. Genau so verhält es sich mit der täglichen Bewegung der Sterne; die Erde dreht sich um ihre Achse, nicht das Himmelsgewölbe mit allen seinen Sternen; die tägliche Bewegung der Gestirne ist nur eine scheinbare.

221. Es möge nun unser Boot um ein Schiff herumgerudert werden. Wir haben dann den Eindruck,

als ob das Schiff sich um uns bewegte, indem wir es nacheinander bei den übrigen entfernteren Schiffen vorbeiziehen sehen. Derselbe Anblick würde eintreten, wenn das Boot still stände und die entfernten Schiffe sich in der entgegengesetzten Richtung um uns bewegten; allein wir bemerken doch sofort, daß nicht sie, sondern wir es sind, die sich bewegen. So verhält es sich auch mit den Erscheinungen, die unser jährlicher Umlauf um die Sonne hervorruft; die Sterne, die während des Sommers in der Richtung der Sonne sich befinden, stehen ihr im Winter gegenüber; aber nicht die Sterne bewegen sich um die Sonne, sondern es ist die Sonne, die, von der sie umkreisenden Erde aus gesehen, im Laufe eines Jahres die Sternbilder durchwandert.

222. In der frühesten Zeit der Sternkunde waren diese beiden scheinbaren Bewegungen der Sterne die einzig bekannten. Die Beobachtungen waren noch zu roh, um andere Bewegungen erkennen zu lassen. Man unterschied daher die Himmelskörper in die beiden Klassen der Fixsterne, die ihre gegenseitige Lage unabänderlich zu bewahren und gleichsam in das Himmelsgewölbe eingeheftet zu sein schienen, und der Irr- oder Wandelsterne oder der Planeten.

223. Als man später Methoden erfand, die Stellung der Sterne genauer zu bestimmen, zeigte es sich, daß die Örter der Sterne nicht immer dieselben sind, und daß dies durch den Wechsel, den die Richtung der Erdachse erleidet, verursacht wird. Man kann sich diesen Wechsel in der Stellung der Achse an einem Kreisel versinnlichen, der, ehe er fällt, hin und her schwankt.

Nun hängen die Örter der Sterne, wie wir nachher sehen werden, von der Richtung der Erdachse ab, sie müssen also mit dieser beständig sich ändern. Somit haben wir hier eine andere scheinbare Ortsveränderung der Sterne, die man das Vorrücken der Tag- und Nachtgleiche oder Präzession nennt.

224. Die Astronomen kennen diese und noch andere scheinbare Ortsveränderungen der Sterne und können sie vorausberechnen. Nun findet es sich aber häufig, daß nach Verlauf von vielen Jahren der Ort eines Sternes nicht mit dem berechneten Ort übereinstimmt; es muß also, nachdem alle scheinbaren Bewegungen in Anschlag gebracht sind, noch eine Bewegung der Erde oder der Sterne geben, worauf in der Rechnung keine Rücksicht genommen wurde. Doch ehe wir weiter gehen, wollen wir zu unserm Boote und den Schiffen zurückkehren.

225. Bewegen sich das Schiff und das Boot, worin wir sind, nach irgend einer Richtung, so fragt es sich, was für eine scheinbare Änderung in der Lage der Schiffe in unserer Umgebung eintritt? Die Frage ist leicht beantwortet. Die Schiffe, die sich seitlich von uns befinden, bewegen sich scheinbar in der entgegengesetzten Richtung wie wir selbst; diejenigen aber, denen wir uns nähern, scheinen weiter auseinander zu treten, und jene hinter uns drängen sich scheinbar zusammen. Möglicherweise bewegen sich aber alle Schiffe eben so gut wie wir, einige in der einen, andere in einer anderen Richtung, und die Folge davon ist, daß ihre scheinbare Bewegung doch etwas anders vor sich geht, als wenn sie völlig in Ruhe wären. Ist aber eine große Anzahl sichtbar, so können wir

erwarten, mehr Schiffe anzutreffen, deren scheinbare Bewegung in Übereinstimmung mit unserem Resultat erfolgt, als im Gegensatz dazu; denn ihre scheinbaren Bewegungen werden in manchen Fällen durch ihre wirklichen Bewegungen ausgeglichen, und in anderen Fällen summieren sich diese beiden Bewegungen; wir sind so imstande, unsere eigene Bewegung zu beurteilen.

226. Dies findet am Himmel genau so statt; man bemerkt, daß die Sterne in einer Richtung das Bestreben haben, sich einander zu nähern und in der entgegengesetzten Richtung, sich von einander zu entfernen. Auf diese Weise hat sich aus vieljährigen Beobachtungen einer großen Anzahl von Sternen ergeben, daß die Sonne, und natürlich alle Planeten mit ihr, stetig gegen einen Punkt im Sternbilde des Herkules fortrücken.

§ 5. Wirkliche Bewegungen der Sterne.

227. Aus dem, was im Abschnitt 225 gesagt worden ist, folgt nun auch dies. Wenn ein Schiff vorhanden ist, dessen Bewegung nicht durch die Bewegung unseres Bootes erklärt werden kann, so hat das Schiff eine ihm eigentümliche wirkliche Bewegung. Ebenso ist es mit den Sternen. Verändert ein Stern im Laufe der Zeit seinen Ort gegen die Sterne in seiner Umgebung, so ist dies ein sicheres Anzeichen, daß er eine eigene Bewegung hat. Auf diese Weise hat man durch sorgfältige Beobachtungen während einer langen Reihe von Jahren die Eigenbewegungen einer großen Anzahl von Sternen kennen gelernt. Arkturus z. B. legt in 100 Jahren einen Bogen am Himmel zurück, der ungefähr ein Achtel einer Vollmondbreite beträgt; diese

Bewegung ist scheinbar gering, in Wirklichkeit aber wegen der ungeheuren Entfernung des Sternes sehr groß. Aus mechanischen Gründen folgt übrigens, daß sich alle Sterne bewegen.

§ 6. Doppelsterne.

228. Die Sterne haben nicht nur eine eigene Bewegung in der einen oder anderen Richtung, sondern es drehen sich auch einige Sterne um einander herum. Sie heißen Doppelsterne oder mehrfache Sterne, je nachdem zwei oder mehrere sich um einander herumbewegen. (S. Fig. 43.)

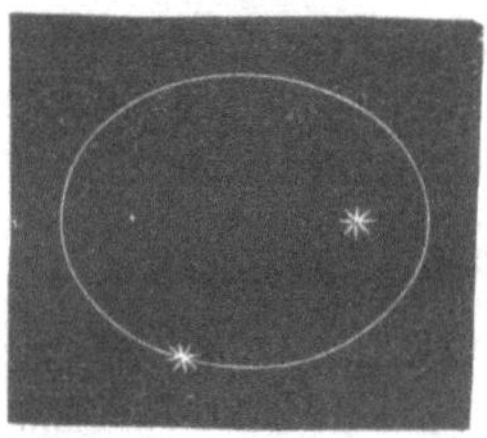

Fig. 43. Die Doppelsterne.

229. Man nennt die Körper (Komponenten) eines Doppel- oder mehrfachen Sternes physisch mit einander verbunden, wenn sie sich im Verhältnis zu den großen Räumen, die die Fixsterne im allgemeinen von einander trennen, so nahe stehen, daß der eine sich um den andern bewegt, wie ein Planet um die Sonne. Bis jetzt sind etwa 12000 Doppelsterne bekannt; aber erst für einen kleinen Teil hat man ihre Bahnen zu bestimmen vermocht. Die kürzeste bislang sicher erkannte Umlaufszeit beträgt etwas weniger als 6 Jahre (δ im kleinen Pferd); bei anderen Doppelsternen geht sie bis zu mehreren Jahrhunderten.

229 a. Wer hätte sich nicht schon an dem Glanze des schönen Sternes Sirius erfreut, der in Winternächten am südlichen Himmel leuchtet? Auch er ist ein Doppelstern, wurde als solcher aber erst gesehen, nachdem die Rechnung erwiesen hatte, daß er ein Doppelstern sein müsse. Auch die Doppelsternnatur des hellsten Sternes im Sternbild des kleines Hundes Procyon war längst bekannt, bevor es gelang, den sehr schwachen Begleiter im Fernrohr aufzufinden. Es verhält sich hiermit wie mit der Entdeckung des Neptun (Abschnitt 175): das geistige Auge erkannte, was das körperliche Auge nicht zu sehen vermocht hatte.

229 b. Gewiß werden viele meiner jungen Leser die Beobachtung gemacht haben, daß, wenn beim Vorüberfahren eines Eisenbahnzuges die Signalpfeife ertönt, der Ton sich plötzlich vom höheren zum tieferen ändert. Dies rührt, wie in der Physik gelehrt wird, daher, daß bei dem Annähern des Zuges mehr, beim Entfernen weniger Schallwellen in unser Ohr gelangen, als wenn der Zug still steht. Ähnliches findet auch bei dem Lichte statt; hier wird durch die Bewegung der Lichtquelle die Brechbarkeit geändert. Indem die Astronomen diese Änderung mittelst des Spektroskopes messen, können sie bestimmen, ob und mit welcher Geschwindigkeit ein Stern sich auf uns zu oder von uns ab bewegt. So nähert sich der Stern α Arietis dem Sonnensystem mit einer Geschwindigkeit von 14 Kilometer in der Sekunde, während α Orionis sich mit einer Geschwindigkeit von 18 Kilometer von ihm entfernt. Bei anderen Sternen hat man kleinere, aber auch größere Geschwindigkeiten, selbst bis gegen 100 Kilometer in der Sekunde, gefunden.

Es ist dies einer der bedeutendsten Fortschritte, die die messende Astronomie in der neuesten Zeit gemacht hat.

229c. Über die Bahnen, die die Fixsterne (unsere Sonne eingeschlossen) im Weltenraum beschreiben, wissen wir nur wenig; wir dürfen annehmen, daß sie sich im allgemeinen in geraden Linien und mit gleichbleibender Geschwindigkeit bewegen. Zeigt nun die Beobachtung eines Sternes, daß er sich abwechselnd auf uns zu und von uns ab, bald mit größerer, bald mit geringerer Geschwindigkeit bewegt, so müssen wir daraus schließen, daß wir es mit einem Doppelstern zu tun haben: mit zwei Sternen, die sich um einander bewegen, von denen aber nur der eine hinreichend hell ist, um von uns gesehen zu werden. So hat man durch das Spektroskop entdeckt, daß mehrere Sterne, die früher als einfache Sterne galten, und auch als solche im Fernrohr erscheinen, in Wirklichkeit Doppelsterne sind. Die Komponenten dieser sogenannten spektroskopischen Doppelsterne stehen bei der Mehrzahl der bis jetzt bekannten einander sehr nahe, und ihre Umlaufszeit beträgt nur wenige Tage. Zu dieser Gattung von Doppelsternen gehört auch der Stern Algol, von dem schon früher die Rede war (Abschnitt 211a), und es ist dadurch erwiesen, daß der Lichtwechsel bei ihm aus der Verfinsterung durch einen dunkleren Begleiter entsteht, wie es oben als Vermutung ausgesprochen wurde.

230. Die Entfernung der Sterne von uns ist so enorm, daß, hätten sie Planeten, die sich um sie bewegten, diese selbst durch die stärksten Instrumente unsichtbar wären. Es ist nicht unmöglich, daß ein jeder Stern der Mittelpunkt eines Planetensystems ist; bei

Doppelsternen würden dann die Planeten des einen Sterns dem andern so nahe stehen, daß sie auch von ihm ein beträchtliches Maß von Licht erhielten. Solche Planeten hätten also gewissermaßen zwei Sonnen, und manchmal Sonnen, die verschiedenfarbiges Licht ausstrahlen.

§ 7. Sternhaufen und Nebelflecke.

231. Außer den zerstreuten Sternen, von denen wir sprachen, gibt es eine Anzahl matt leuchtender Flecke am Himmel, die wie kleine Stücke der Milchstraße aussehen, und von denen die helleren dem bloßen Auge sichtbar sind. Durch ein Fernrohr erkennt man, daß einige davon gedrängte Haufen kleiner Sterne sind; in manchen unterscheidet man die einzelnen Sterne schon durch schwache Teleskope, während bei andern selbst die stärkste teleskopische Kraft keine Sterne erkennen läßt. Die ersteren nennt man Sternhaufen, die letzteren Nebelflecke.

232. Man kann hiernach drei Klassen dieser Gebilde unterscheiden: 1. Die Sternhaufen, in denen die Sterne leicht einzeln wahrgenommen werden; 2. die auflösbaren Nebelflecke, die sich, durch stärkere Instrumente betrachtet, in dicht zusammengedrängte Sterne auflösen, und 3. die unauflösbaren Nebelflecke, die auch im kräftigsten Fernrohr keine Anzeichen einer Auflösbarkeit verraten. Das Spektroskop lehrt uns, daß viele Himmelskörper dieser letzten Klasse eine andere physikalische und chemische Beschaffenheit haben als die Sterne und daher von äußerst dichten Sternansammlungen, wofür man sie vielleicht sonst noch halten könnte, wirklich verschieden sind.

233. Außer den bisher erwähnten Nebelflecken, sei es, daß sie in Sterne getrennt werden können oder jedem Versuch einer Auflösung widerstehn, finden wir am Himmel noch eine Klasse von Gebilden von ganz anderem Aussehen, nämlich einfache Sterne, die von einer Nebelhülle umgeben sind; man nennt sie Nebelsterne.

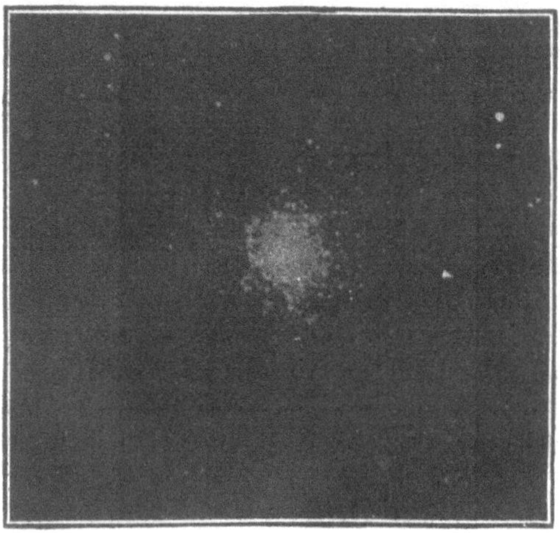

Fig. 44. — Sternhaufen im Herkules.

234. Die Sternhaufen und Nebelflecke werden auch nach anderen Gesichtspunkten in Klassen geteilt; so unterscheidet man solche, die sehr unregelmäßig geformt sind, wie der Sternhaufen und der Nebelfleck in Fig. 44 und 45, und andre, die eine mehr regelmäßige Gestalt haben, sei es die einer Kugel oder eines Ringes oder einer Spirale.

§ 8. Die Natur der Sterne und Nebelflecke.

235. Wir wissen nach dem, was in Abschnitt 208 gesagt wurde, daß Sterne entfernte Sonnen sind; man

Fig. 45. — Der große Nebelfleck im Orion.

folgere hieraus aber nicht, daß alle in ihrer Beschaffenheit genau der Sonne gleichen. Wenn es auch wahrscheinlich ist, daß alle Körper des Weltalls aus denselben Stoffen bestehen, so kommen diese Stoffe doch auf den einzelnen Weltkörpern infolge der verschiedenen Temperaturen, die dort herrschen, in verschiedenen Zuständen vor. Sie treten, je nachdem der Weltkörper noch in der größten Gluthitze sich befindet oder in der Abkühlung schon weiter fortgeschritten ist, getrennt oder in mannigfaltigen chemischen Verbindungen auf. Die heißesten Sterne haben im Ganzen ausgedehntere Atmosphären, aber von einfacherer, stofflicher Beschaffenheit, während bei den abgekühlteren Sternen die Atmosphären sich mehr verdichtet und mit zahlreichen Dämpfen angefüllt haben. In Zusammenhang hiermit steht die Farbe; die weißesten Sterne sind, wie schon angeführt wurde (Abschnitt 214), die heißesten, und je weiter die Abkühlung fortgeschritten ist, umsomehr ist die Färbung durch gelb ins rötliche gegangen; so legt gleichsam die Farbe eines Sternes Zeugnis von dem Alter in seinem Entwicklungsgange ab.

236. Obgleich die Nebelflecke sowohl nach ihrem äußeren Ansehen als auch nach der Art ihres Lichtes sehr verschieden von den eigentlichen Sternen sind, so besteht möglicherweise doch eine sehr nahe Verwandtschaft; man vermutet, daß die Nebelmaterie der Stoff ist, woraus sich durch fortschreitende Verdichtung im Laufe von Millionen von Jahren Sonnen und Sonnensysteme entwickeln.

237. Wenn diese Vermutung richtig ist, so würde der Nebelfleck, den wir in unserer Zeit als einen matt leuchtenden Schimmer im Fernrohr wahrnehmen, in fernster Zukunft ein glänzend weißer Stern sein,

vielleicht umgeben von einer Schar ihn umkreisender Planeten, die sich aus den während des Verdichtungsprozesses aus dem zentralen Teil abgelösten Stücken gebildet haben und wegen ihrer kleineren Masse rascher erkaltet sind. Aber auch dieser Zentralstern wird nicht in alle Ewigkeit fortleuchten; das Licht und die Wärme, die er bei seiner Verdichtung erlangte, werden in den kalten Weltraum hinausgestrahlt und nicht auf die Dauer ersetzt; der Stern beginnt zu erkalten, nimmt eine mehr und mehr rote Färbung an und nähert sich stetig dem Stadium des Erlöschens, in dem er, wenn auch erst nach Jahrmillionen, zuletzt ankommen muß. Denn jede Masse Materie muß mit der Zeit aufhören, Licht und Wärme auszustrahlen, sei sie nun eine Kohle im Feuer oder ein Stern im Himmelsraum.

VI. Wie die Stellungen der Himmelskörper bestimmt werden, und welchen Nutzen diese Kenntnis für uns hat.

§ 1. Wiederholung. — Sternkarten.

238. Wir müssen uns nun einem andern Zweige unseres Gegenstandes zuwenden. Wir haben die wirklichen Bewegungen der Erde, des Mondes, der Planeten und zuletzt die der Sterne betrachtet, sowie die scheinbaren Bewegungen, die durch die wirkliche Bewegung der Erde veranlaßt werden. Wir beschäftigten uns mit dem Wesen der Sonne und der Planeten, der

Sterne und der Nebelflecke, und haben somit von der eigentlichen Stellung der Erde in der Natur einen Begriff bekommen; wir sehen in ihr einen kalten Körper, der sich um einen leuchtenden Stern bewegt, beide vielleicht das Produkt aus der Verdichtung und der daraus folgenden Erwärmung eines Nebelflecks.

239. Auch haben wir eine Vorstellung von dem gestirnten Himmelsraume gewonnen und kennen gelernt, wie die Sterne — Fixsterne genannt — in Sternbilder zusammengefaßt werden, wie man sie mit Buchstaben oder Zahlen bezeichnet, und wie die Sonne, der Mond und die Planeten mit der vollkommensten Ordnung und Regelmäßigkeit ihre Stelle unter den Sternen fortwährend wechseln.

240. Lenken wir nun die Aufmerksamkeit auf den gestirnten Himmel und betrachten die Sterne bloß als Gegenstände, deren Stellung man aufzeichnet: es soll gezeigt werden, erstens, wie die Örter der Sterne bestimmt werden, und dann, welchen Nutzen die Kenntnis dieser Örter für uns hat.

241. Wer geschickt genug ist, könnte versuchen, eine Karte von den Stellungen der Sterne zu entwerfen, doch ist für astronomische Zwecke eine viel größere Genauigkeit nötig, als man durch einen solch unzulänglichen Versuch erlangen kann; aber selbst bei vollkommenster Genauigkeit derartiger Karten wäre es doch höchst mühsam, einen Stern durch die Angabe bezeichnen zu müssen, wie viel er nördlich oder südlich, östlich oder westlich von einem andern bekannten Sterne steht; man befolgt deshalb eine bessere Methode, die Stellungen der Sterne zu kennzeichnen.

§ 2. Abweichung (Deklination).

242. Wir wollen uns vorstellen, daß sich der Äquator und die Umdrehungsachse unserer Erde auswärts gegen die Sterne erstrecken, gerade so als ob ein Licht, das sich im Zentrum der Erde befände, den Schatten des Äquators und der beiden Pole auf die scheinbare Himmelskugel würfe. Der Schatten des Äquators der Erde wird auf diese Weise der Himmelsäquator, und wir messen nördlich und südlich von ihm nach dem Nord- oder Südpol des Himmels zu und nennen diese in Graden (°) ausgedrückte Entfernung nördliche oder südliche Abweichung (Deklination).

243. Wir können nun leicht ermitteln, welcher Stern oder welcher Punkt am Himmel genau am Pol ist; denn die Pole nehmen an der täglichen Umdrehung der Erde, oder der scheinbaren Drehung des Himmelsgewölbes keinen Teil. Wir sehen dies ja an unserer Orange, wenn wir an zwei entgegengesetzten Punkten, die die Pole vorstellen mögen, eine Nadel einstecken; drehen wir die Orange herum, so bleiben die Nadeln doch stets nach derselben Stelle gerichtet. Die beiden Punkte oder Pole stehen, wie wir wissen, von allen Punkten des Äquators gleich weit und zwar um einen Viertelkreis ab; ihre Abweichung (Deklination) ist daher 90°. Hat man nun ein Fernrohr mit einem geteilten Kreise, so kann man den in unserer Erdhälfte sichtbaren Himmelspol (Nordpol) vermöge jener Eigenschaft, daß er in Ruhe bleibt, leicht auffinden, und, indem man das Fernrohr um 10°, 20°, 30°, usw. davon

entfernt, die Punkte oder Sterne bestimmen, deren nördliche Abweichung 80°, 70°, 60°, usw. beträgt.

§ 3. Abweichung allein genügt nicht.

244. Wir können also auf diese Weise die Abweichung aller Sterne messen; doch sehen wir sofort, daß eine Menge Sterne die gleiche Abweichung haben kann; denn wir können eine ganze Reihe Stecknadeln so in die Orange stecken, daß sie alle vom Äquator der Orange gleich weit entfernt sind.

245. Es wird somit nötig, diese, die alle gleich weit vom Äquator sind, wiederum auf irgend eine Weise von einander zu unterscheiden. Man vergesse nicht: es handelt sich um die unzweideutige Bestimmung des Ortes eines Sternes an der Himmelskugel. Sehen wir zunächst, wie die Lage eines Punktes in der Ebene, z. B. auf einem Blatt Papier bestimmt wird. Um die Lage eines Punktes *E* auf einem Stück Papier *A B C D*, Fig. 46, anzugeben, teile man die Seite *A D* in eine Anzahl, sagen wir 10 gleicher Teile und die Seite *A B* ebenfalls; zieht man nun durch *E* die Linie *E G* parallel zu der Kante *A B* und die Linie *E F* parallel zu *A D*, so ist *E*, der Linie *A D* entlang gemessen, 4½ Teile von der Linie *A B* entfernt und 2½ Teile von der Linie *A D*, wenn man *A B* entlangt mißt; in dieser Weise läßt sich sofort mit Bezug auf die Papierränder die Lage des Punktes *E* angeben. Und ebenso verfahren wir, wenn man uns die Aufgabe stellt, einen Punkt 7 Teile weit von *A B* und 6 Teile weit von *A D* einzuzeichnen: wir ziehen eine Linie *H I* von dem siebenten Strich von *A D*

parallel zu *A B* und eine andere *K L* von dem sechsten Strich von *A B* parallel zu *A D*; dann ist der Schnittpunkt *M* der gesuchte Punkt.

246. Es genügt also nicht, zu sagen, *E* ist 4½ Teile von *A B* entfernt, denn es liegen sehr viele Punkte in dieser Entfernung von *A B*, und es reicht ebenso wenig aus, zu sagen, *E* steht 2½ Teile von *A D* ab; denn unendlich viele Punkte haben denselben Abstand.

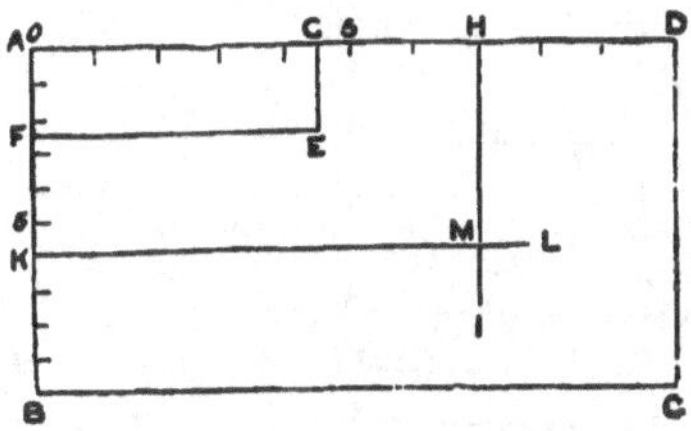

Fig. 46. — Wie die Lage irgend eines Gegenstandes bestimmt wird.

247. Sobald wir jedoch zwei Arten rechtwinklig zu einander gelegener Abmessungen haben, so können wir die Lage eines Punktes auf unserm Stück Papier mit der größten Genauigkeit angeben.

248. Dasselbe gilt für die Sterne. Wir haben bereits eine Art von Abmessung kennen gelernt; es ist die, welche, am Äquator beginnend, die Entfernung der Sterne von diesem in Graden angibt.

§ 4. Gerade Aufsteigung (Rektaszension).

249. Daraus folgt, daß wir, um die Stellung eines Sternes vollständig zu bestimmen, noch eine andere Linie am Himmel brauchen, die zu der ersten einen rechten

Winkel bildet. Wir nehmen unsere Orange und stecken rund herum eine Reihe Stecknadeln hinein, um den Äquator *A B* (Fig. 47) anzudeuten; sodann stecken wir eine andere Reihe Stecknadeln hinein, *C D*, rechtwinklig zu der ersten Reihe. Diese zweite Reihe hat ebenfalls die Form eines Kreises; dieser Kreis geht durch die

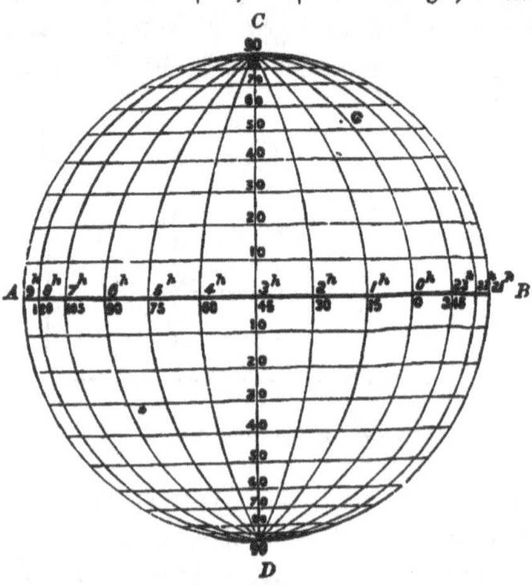

Fig. 47. Wie der Ort eines Sterns an der scheinbaren Himmelskugel bestimmt wird.

Pole der Orange und durchschneidet den Äquator an zwei sich entgegengesetzten Punkten.

250. Der Äquator und die ihn darstellende Reihe Stecknadeln kann nur an einem Platze auf der Orange liegen, nämlich halbwegs zwischen den beiden Polen. Aber den zweiten Kreis können wir anlegen, wo wir wollen, und wir können uns wirklich eine unendliche Zahl solcher Kreise denken, die alle durch die Pole gehen und den Äquator an zwei entgegengesetzten

Punkten unter einem rechten Winkel durchschneiden. Wir können sie uns 1° oder 10° oder irgend eine andere Zahl von Graden von einander entfernt denken. Wählen wir sie in Abständen von je 15°, so bewegt sich, da die Himmelskugel in je 24 Stunden einmal um die Erde zu rotieren scheint, jede Stunde einer dieser Kreise über einen Ort auf der Erde hinweg; denn $24 \times 15° = 360°$.

251. Alle diese Kreise sind gleich; wir müssen deshalb einen auswählen, von dem ab wir messen wollen. Man könnte dazu den Kreis nehmen, der durch den glänzendsten Stern gezogen wird. Dies geschieht jedoch nicht, sondern man hat den Kreis gewählt, der durch die zwei einander entgegengesetzten Punkte geht, die Äquator und Ekliptik (Abschnitt 67) gemeinsam haben. Der eine dieser beiden Punkte, und zwar derjenige, in dem die Sonne beim Beginn unseres Frühlings steht, der sogenannte Frühlingspunkt, dient als Ausgangspunkt der Zählung.

252. Der Astronom berichtigt seine Uhr so, daß genau 24 Stunden verfließen, wenn die scheinbare Himmelskugel sich einmal um die Erde herumbewegt; auch hat er die Zeiger der Uhr so gestellt, daß sie 0 Stunden, 0 Minuten, 0 Sekunden angeben, wenn der soeben besprochene Kreis mit der Ebene des Meridians (d. i. eine Ebene, die senkrecht zum Horizonte steht und durch die Pole geht) zusammenfällt, der Frühlingspunkt also in den Meridian kommt. Nun ist es nur erforderlich, die Zeit aufzuzeichnen, wann ein Stern den Meridian passiert. Der helle Stern α im Stier komme z. B. um 4 St. 30 M. in den

Meridian: so heißt das, der zum Äquator senkrechte durch α im Stier gezogene Kreis steht von unserm Anfangskreise 4 St. 30 M., oder da in einer Stunde 15° den Meridian durchlaufen, 67 ½° ab. Man nennt diesen Abstand die gerade Aufsteigung oder Rektaszension des Sternes. Die gerade Aufsteigung oder Rektaszension von α im Stier ist also 4 St. 30 M. oder 67 ½°.

§ 5. Wiederholung.

253. Haben wir dies verstanden, so wissen wir, daß der Ort eines Sternes bestimmt wird:

erstens — durch seine in Graden ausgedrückte Entfernung vom Äquator, d. i. seine Abweichung oder Deklination, und

zweitens — durch seine Entfernung in Zeit von dem im Abschnitt 251 bestimmten Kreise, d. i. seine Rektaszension.

254. Auf diese Weise haben die Astronomen Sternverzeichnisse (Sternkataloge) hergestellt, in denen die Örter aller Fixsterne bis zur 9. Größenklasse angegeben sind, außerdem die von vielen tausend schwächeren, nach ihrer geraden Aufsteigung und ihrer Abweichung, den sogenannten Koordinaten; für die Gestirne, die ihren Ort am Himmel beständig ändern, also Sonne, Mond und Planeten, sind die Koordinaten in den astronomischen Jahrbüchern (Ephemeriden) für jeden Tag des Jahres vorausberechnet.

255. Dies ist eins der nützlichsten Resultate der Astronomie. Wir werden dadurch in den Stand gesetzt, die Oberfläche unserer eigenen Erde in Karten

zu verzeichnen, und der Reisende in der pfadlosen Wüste oder der Seefahrer, dessen Blicken das Land entschwunden ist, vermag dadurch genau zu bestimmen, wo er sich auf dieser Oberfläche befindet.

§ 6. Die geographische Breite von Orten auf der Erde.

256. Wie bestimmt man nun die Lage irgend eines Ortes auf der Erde? Wenn wir jemandem angeben sollen, wo eine Stadt oder ein Dorf in der Nachbarschaft liegt, so antworten wir: so und so viele Kilometer entfernt längs einer gewissen Straße oder in einer gewissen Richtung, z. B. südwestlich von unserem Hause. Ein solches Verfahren ist für kurze Strecken wohl angebracht; aber die Lage aller Städte gegen unser Haus oder gegen irgend einen anderen Ort auf diese Weise anzugeben, ist nicht tunlich. Wäre die Erde flach, so ließe sich die in Abschnitt 245 angeführte Methode anwenden. Da aber die Erde nicht flach, sondern kugelförmig ist, so verfahren wir in ganz ähnlicher Weise, wie wir es bei den Sternen getan haben. Nehmen wir einen Globus zur Hand, so sehen wir eine Anzahl Kreise in gleich weiter Entfernung zwischen den Polen und dem Äquator gezogen. Man nennt diese Kreise die Kreise gleicher Breite oder Parallelkreise, weil sie dem Äquator parallel laufen.

257. Die Örter der Himmelskörper haben wir im Vorhergehenden in bezug auf die Erdpole und durch die Rotation der Erde bestimmt. Bei etwas Nachdenken sehen wir, daß, falls es einen Stern genau am nördlichen Himmelspole gäbe, dieser über unserm Kopfe stehen müßte, wenn wir selbst am Nordpole wären,

und somit wüßten wir, daß wir am Pole sind, wenn dieser Stern genau über uns stände. Gäbe es Sterne mit der Abweichung 0°, so zögen sie am Äquator genau über unserm Kopfe fort, und daher wüßten wir, daß wir am Äquator sind, wenn diese Sterne auf ihrer täglichen Bahn unseren Scheitel passierten.

258. Auf ähnliche Weise können wir von irgend einem Orte, der nördlich oder südlich vom Äquator liegt, die Entfernung dieses Ortes vom Äquator in Graden bestimmen, indem wir beobachten, welcher Stern oder andere Himmelskörper, dessen Abweichung oder Deklination bekannt ist, genau über uns wegzieht. Eine solche Beobachtung mußte für jeden Erdort gemacht werden, ehe er auf dem Globus aufgezeichnet werden konnte.

259. Diesen Abstand von dem Erdäquator nennt man Breite; wir haben nördliche und südliche Breite, gerade wie wir nördliche und südliche Deklination am Himmel unterscheiden.

260. Die Breite eines Ortes kann auch durch die scheinbare Höhe des Polarsterns über dem Horizont bestimmt werden, ebenso wie man die Rundung der Erde bestimmt. Für einen Beobachter am Äquator steht der Polarstern im Horizont. Die Höhe ist somit 0°; geht der Beobachter aber 111 Kilometer nördlich, so steht der Stern 1° über seinem Horizont, und die Breite des Beobachtungsortes ist sodann 1°, usw. Messen wir daher an einem Orte zu irgend einer Zeit die Höhe des Polarsterns, so bekommen wir sofort unsere Breite und können dann auf einer

Karte oder einem Globus den Breiten- oder Parallelkreis angeben, auf dem wir uns befinden.

261. Zur Vereinfachung der Sache haben wir uns für diese Beobachtungen einen Stern genau am Pole gedacht. Es gibt aber keinen solchen; der Polarstern im kleinen Bär ist ungefähr $1\,{}^1/_5{}^\circ$ vom Pol entfernt, und man muß bei der Bestimmung der Breite hierauf Rücksicht nehmen.

262. Ebenso wie eine große Anzahl Stecknadeln auf unserer Orange gleichweit von ihrem Äquator entfernt sein kann, und ebenso, wie viele Sterne dieselbe Abweichung (Deklination) haben, so liegen auch viele Orte auf der Erde in derselben Breite; Neapel z. B. hat fast dieselbe Breite wie Peking oder New-York.

§ 7. Die geographische Länge von Orten auf der Erde.

263. Um nun die Lage eines Ortes auf der Oberfläche der Erde vollständig zu bestimmen, bedürfen wir noch eines Stückes, das für die Erde dasselbe ist wie die Rektaszension für den Himmel. Dieses Stück nennt man Länge.

264. Um dies zu bekommen, machen die Geographen es ganz so wie die Astronomen; sie denken sich einen Kreis, der durch die beiden Pole der Erde geht und den Äquator unter rechtem Winkel durchschneidet; von diesem Kreise aus wird die geographische Länge gemessen.

265. Ungleich den Astronomen haben sich aber die Geographen nicht über einen und denselben Kreis einigen können, von dem aus sie die Länge zählen, so daß man

bei Angabe der Länge stets hinzufügen muß, von wo ab man sie rechnet. Lange Zeit hat man als ersten Kreis denjenigen betrachtet, der durch die Insel Ferro geht, jetzt wählt man meistens den Kreis, auf dem die Sternwarte in Greenwich (in England) liegt.

266. Nun entsteht die Frage: wie mißt man die Länge? Die Lage eines Ortes auf der Erde, in bezug auf den Kreis, von dem aus die Längen gezählt werden, wird genau auf dieselbe Weise ermittelt, wie die Lage eines Sternes gegen den in Abschnitt 251 erklärten Kreis bestimmt wird. Es kommt auf Zeitbestimmungen an.

267. Zum Beweis dafür machen wir wieder Gebrauch von der Orange und der Stricknadel. Der durch die Pole und die Sternwarte Greenwich gehende Kreis werde durch eine Reihe Stecknadeln dargestellt. Eine jede Stecknadel bezeichne einen Beobachter und eine unter ihnen einen Beobachter in Greenwich; jeder habe eine Uhr, und alle Uhren seien mit der Greenwicher Uhr gleich gestellt; ein Licht oder eine Lampe stelle einen Stern vor. Die Orange drehe sich von Westen nach Osten, wie der Pfeil in Fig. 9 andeutet, um die tägliche Bewegung der Erde darzustellen. Die Stecknadeln werden dann alle zugleich zwischen das Licht und die Stricknadel kommen; deshalb werden die Uhren unserer gedachten Beobachter beim Vorübergang des künstlichen Sternes (des Lichtes oder der Lampe) dieselbe Zeit zeigen.

268. Alle Orte, die genau nördlich oder südlich von Greenwich liegen, haben also denselben Ausgangspunkt

für die Zeit wie Greenwich, mit anderen Worten, sie haben dieselbe Länge.

269. Nun nehme man die Greenwich darstellende Stecknadel heraus und stecke sie westlich von der Stecknadelreihe ein. Da die Orange von Westen nach Osten gedreht wird, so kommt selbstverständlich diese Stecknadel erst zwischen die Lampe und die Stricknadel, wenn die Reihe der andern vorüber ist, d. h. es wird, da alle Uhren nach Greenwicher Zeit gerichtet sind, ein Unterschied in der Angabe der Zeit stattfinden, wann die Reihe Stecknadeln und wann die alleinstehende Nadel an der Lampe vorüberzieht. Denken wir uns, die Uhren bei der Stecknadelreihe zeigten bei ihrem Vorübergang 1 Uhr, so wird nachher, wenn die Stecknadel von Greenwich die Lampe passiert, die Zeit in Greenwich selbst über 1 Uhr, z. B. 2 Uhr sein. Es findet demnach zwischen dem einen Orte und den übrigen ein Zeitunterschied von einer Stunde statt, und alle Orte unter demselben Längengrade, der durch die Stecknadelreihe dargestellt wird, liegen eine Stunde östlich von Greenwich.

270. Die Lampe stelle jetzt die Sonne vor. Die Stellung der Sonne bestimmt die sogenannte Ortszeit; es ist an einem Orte 12 Uhr (hinreichend genau für unsern jetzigen Zweck), wenn die Sonne im Süden steht und durch den Meridian geht. Weiß man nun diese örtliche Zeit und ebensowohl die Zeit von Greenwich, so läßt sich erstens angeben, ob man östlich oder westlich von Greenwich ist, und dann, um wieviel östlich oder westlich. Ist es an einem Orte 10 Uhr (morgens) und gleichzeitig in Greenwich 12 Uhr (mit-

tags), so liegt dieser Ort westlich von Greenwich, und die Erde muß sich zwei Stunden drehen, bis die Sonne in seinen Meridian kommt oder, wie die Astronomen sich ausdrücken, kulminiert. Ist es 2 Uhr (nachmittags) an einem Orte, wenn es in Greenwich 12 Uhr (mittags) ist, so liegt dieser Ort östlich von Greenwich, und es sind zwei Stunden verflossen, seit die Sonne seinen Meridian passierte. Es kommt dabei auf eins heraus, ob man die Länge in Graden oder Stunden berechnet; denn da der Äquator in 360 Grade oder in 24 Stunden eingeteilt wird, so ist jede Stunde gleich 15°.

271. In der Praxis entsteht die Schwierigkeit an einem von Greenwich entfernten Orte die genaue Greenwicher Zeit zu erfahren. Man hat in früheren Zeiten eine Menge von Versuchen angestellt, um an einem Orte, dessen Längenunterschied man bestimmen wollte, die Zeit, die es an dem andern Orte war, zu ermitteln. Man ließ Raketen steigen, feuerte Kanonen ab, zündete Feuer an und gab alle möglichen Arten von Signalen zu bestimmten Zeiten; aber natürlich reichte das nur für kurze Strecken aus, für entferntere sandte man sorgsam regulierte Chronometer von einer Station zur andern. Seitdem jedoch ein ausgebreitetes Netz von Telegraphenleitungen besteht, ist es leicht geworden, jede Station davon zu benachrichtigen, was die Zeit auf einer andern ist. Vielleicht wird man in Zukunft dafür auch die drahtlose (Funken-) Telegraphie verwenden können. Für Schiffe auf der See benutzt man noch immer hauptsächlich die Chronometer und prüft ihre Angaben durch Beobachtung astronomischer Erscheinungen.

272. Es gibt nämlich gewisse astronomische Erscheinungen, von denen man den Zeitpunkt ihres Eintretens genau vorhersagen kann; sie ereignen sich in solcher Entfernung von der Erde, daß sie innerhalb eines großen Gebietes und mehrere davon auch in demselben Augenblick sichtbar sind; sie werden in den nautischen Jahrbüchern veröffentlicht. Dahin gehören z. B. die Verfinsterungen der Jupitersmonde und gewisse Stellungen unseres Mondes zu den Sternen. Weiß man, daß eine Verfinsterung eines Jupiterssatelliten um 7 Uhr abends nach Greenwicher Zeit eintreten soll, und beobachtet man sie an einem Orte um die Ortszeit 8 Uhr abends, d. i. 8 Stunden, nachdem die Sonne durch den Meridian des Ortes gegangen ist, dann ist der Unterschied der beiden Ortszeiten 1 Stunde, oder der Ort liegt eine Stunde oder 15° östlich von Greenwich. Wird die Verfinsterung um 6 Uhr abends beobachtet, so liegt der Ort eine Stunde westlich von Greenwich.

272a. Wir haben gesehen, daß jeder Ort seine eigene Zeit (Ortszeit) hat, und daß nur diejenigen Orte, die auf demselben Meridian liegen, in demselben Augenblick auch dieselbe Zeit rechnen. Diese Art, die Zeit zu zählen, ist gewiß die natürlichste; denn sie beruht ja auf dem jedesmaligen Stand der Sonne für den betreffenden Ort. Anderseits hat sie aber gewisse Unbequemlichkeiten, die umsomehr empfunden werden, je mehr sich der Verkehr der Menschen unter einander ausbreitet. Man hat daher schon früher in manchen Ländern ausschließlich nach der Ortszeit der Hauptstadt gerechnet, so daß in demselben Augenblick alle Uhren des Landes die Zeit der Hauptstadt angeben. Diese Zeitrechnung ist beispielsweise in Frankreich (Pariser Zeit), in Rußland (Petersburger Zeit) in Gebrauch. Die meisten Länder rechnen gegenwärtig nach Zonenzeit, d. i. der Zeit, die dem Meridian von 0 oder 15 oder 30 usw. Grad östlicher Länge von Greenwich entspricht und die speziell als West-Europäische, Mittel-Europäische, Ost-Europäische usw. bezeichnet wird. So rechnet man in Deutschland, Österreich-Ungarn, der Schweiz usw. nach der Zeit des Meridians, der 15° östliche Länge von Greenwich hat (Mittel-Europäische Zeit). Für einen Ort, der auf diesem Meridian liegt, ist die Ortszeit gleich der Mittel-Europäischen Zeit; für einen westlich gelegenen Ort ist die Mittel-Europäische Zeit voraus, für einen östlich gelegenen zurück. Wenn also die Uhren in Straßburg 12 Uhr (Mittag) nach Mittel-Europäischer Zeit zeigen, so zeigen in demselben Augenblick auch die Uhren z. B. in Königsberg 12 Uhr M.-E. Zt.; nach Ortszeit sind es aber in Straßburg noch 29 Minuten vor Mittag, und in Königsberg sind 22 Minuten nach Mittag verflossen. Denn Straßburg liegt 31 Minuten östlich von Greenwich, also 29 M. westlich von dem Ausgangsmeridian für die Mittel-Europäische Zeit, während Königsberg, das mit Greenwich eine Zeitdifferenz von 1 St. 22 M. hat, um 22 M. von demselben Meridian nach Osten absteht. Auch sieht der Leser, daß die West-Europäische Zeit (England) hinter der Mittel-Europäischen Zeit genau eine Stunde zurück, die Ost-Europäische Zeit (Bulgarien, Rumänien) genau eine Stunde dagegen voraus ist.

VII. Weshalb die Bewegungen der Himmelskörper so regelmäßig sind.

§ 1. Was Gewicht ist.

273. Wir wissen nun, daß die Sterne der Menschheit so nützlich sind, weil genau berechnet werden kann, an welchem Orte des Himmels sie zu irgend einer spätern Zeit sein werden. Wäre ihre oder unsere Bewegung unregelmäßig, so würde dies nicht möglich sein. Wir wollen uns zum Schlusse unserer Betrachtungen noch die Frage vorlegen: was setzt uns in den Stand, den Lauf der Gestirne vorhersagen zu können?

274. Wir kommen hier auf das Gebiet der Astronomie, das mit der Mechanik zusammenhängt, auf die Gesetze der Bewegungen der Himmelskörper. Die Alten dachten sich die Erde in Ruhe, Sonne und Planeten um sie herumkreisend. Diese Ansicht mußte jedoch der richtigen, wie wir sie auseinander gesetzt haben, weichen, und damit stieg die Frage auf: warum bewegen sich die Erde und die übrigen Planeten so und nicht anders? Zuerst glaubte man, eine Art Wirbel oder Strudel führe sie herum. Später ergab sich, daß die Planeten um die Sonne und die Monde um ihre Zentralkörper nicht genau in Kreisen, sondern in sogenannten Ellipsen laufen, in deren einem Brennpunkt (nicht Mittelpunkt) die Sonne steht. Newton zeigte, daß sie sich aus mechanischen Ursachen so bewegen müssen, und wir wollen versuchen, ihm hierin zu folgen.

275. Zweifelsohne haben wir oft einen Stein oder eine Kugel in die Luft werfen und wieder zur Erde

fallen sehen. Hat sich der Leser je die Frage gestellt, warum sie fallen? Wahrscheinlich nicht; aber hätte man ihn gefragt, so würde er vermutlich geantwortet haben: „weil alle schweren Dinge zur Erde fallen"; allein er wäre hiermit der Schwierigkeit nur aus dem Wege gegangen, um sogleich in eine andere zu geraten, denn: „warum sind die Dinge schwer?" Die Antwort darauf ist: „alle Stoffe ziehen einander an", wie der Magnet das Eisen anzieht. Es zieht ein Stein den andern an, nur mit sehr wenig Kraft; aber die Erde, die aus einer ungeheuern Masse von verschiedenen Stoffen besteht, zieht alle auf ihr befindlichen Dinge mit solcher Kraft an, daß im Vergleich dazu die Anziehungskraft eines Steines auf den andern kaum bemerkbar ist.

276. Gewicht oder Schwere eines Körpers bedeutet die Kraft, mit der die Erde ihn anzieht.

277. Die Anziehungskraft der Körper wächst in demselben Verhältnis, wie die Stoffmenge, die sie enthalten, größer wird. Hätte z. B. die Erde bei derselben Größe die doppelte Masse, wäre sie also doppelt so dicht, so würde sie alle Körper auf ihr zweimal so stark anziehen, als sie es jetzt tut. Und ebenso wird, wenn wir die Menge der Materie des von der Erde angezogenen Körpers verdoppeln, die Kraft, womit er angezogen wird, oder sein Gewicht sich verdoppeln. Ein Liter Wasser wiegt z. B. ein Kilogramm, und zwei Liter wiegen deshalb zwei Kilogramm.

278. Bleiben wir noch einen Augenblick bei den Worten Stoffmenge oder Masse stehen. Ein Liter Blei enthält eine größere Menge Materie oder

hat eine größere Masse als ein Liter Wasser, und das Wort Masse ist, so lange wir auf der Erde sind, nur ein anderer Ausdruck für Gewicht; aber ein Pfund Gewicht hier würde über zwei Pfund auf dem Jupiter wiegen, obgleich die Stoffmenge oder die Masse dieselbe ist. Das Gewicht eines Körpers, oder besser der Druck desselben auf seine Unterlage ist daher nur so lange ein Maß für seine Masse, als die Schwerkraft dieselbe ist.

279. Stellen wir uns eine Wage vor und in jeder Schale ein Pfund, und versetzen wir diese in Gedanken auf einen anderen Himmelskörper, auf die Sonne oder irgend einen Planeten, dann wird der Druck, den die beiden Gewichte ausüben, ein anderer, auf der Sonne nahezu 28mal, auf dem Jupiter $2^1/_2$mal so groß; aber die beiden Schalen halten dort einander das Gleichgewicht wie hier. Über das Verhältnis der Schwerkraft auf der Sonne oder irgend einem anderen Körper zu derjenigen auf der Erde könnten wir mithin auf diese Weise nichts erfahren, und wir müssen uns dafür nach einem anderen Mittel umsehen.

280. Eine Springfeder ließe sich für diesen Zweck benutzen, da ihre Elastizität sich in nichts durch die Schwere verändert. Genauer ist jedoch die Methode, den Raum zu ermitteln, den ein fallender Körper in einer gewissen Zeit (gewöhnlich nimmt man dafür die Zeit einer Sekunde) zurücklegt, weil, je größer die Anziehung, um so schneller der Fall ist. Auf der Oberfläche der Erde fällt ein Körper in einem luftleeren Raume in der ersten Sekunde beinahe 5 Meter, und nach Ablauf dieser Sekunde beträgt seine Geschwindigkeit 10 Meter in einer Sekunde, d. h. wenn am Ende der ersten

Sekunde die Einwirkung der Schwerkraft aufhörte, so würde er in der nächsten Sekunde weitere 10 Meter fallen.

281. Man nimmt daher als Maß der Anziehungskraft auf der Oberfläche der Erde die Zahl 10 (genauer 9,8) an. Auf der Oberfläche von Jupiter ist die Anziehungskraft $2^1/_2$ mal so groß als auf der Oberfläche der Erde, so daß ein frei fallender Körper dort am Ende der ersten Sekunde eine Geschwindigkeit von 25 Meter in einer Sekunde erreicht.

§ 2. Die Schwerkraft nimmt mit der Entfernung ab.

282. Wir wissen jetzt, daß das Gewicht eines Körpers auf der Erde die Kraft ist, womit er von der Erde angezogen wird. Diese Kraft ist aber für Körper in verschiedenen Entfernungen von der Erde nicht die gleiche.

283. Wer einen Magnet in Händen hatte, hat wahrscheinlich bemerkt, daß Eisenstücke um so stärker angezogen werden, je näher sie dem Magnet sind. Man sieht das leicht, wenn man eine Nadel auf den Tisch legt und ihr einen Magnet nähert; in der Entfernung einiger Zentimeter wird die Nadel nicht mit hinreichender Kraft angezogen, um die Reibung auf dem Tische, die sich ihrer Bewegung entgegenstellt, zu überwinden; der Magnet muß ihr näher gebracht werden, um durch seine Kraft den Widerstand überwinden zu können, worauf die Nadel an den Magnet fliegt.

284. Ebenso verhält es sich mit der Schwerkraft; je weiter ein Körper von der Erde entfernt ist, je weniger wird er von ihr angezogen, und Newton fand, daß die Anziehungskraft in doppelter Entfernung nicht die halbe, sondern die Hälfte der Hälfte oder ein

Viertel ist; in dreifacher Entfernung nicht ein Drittel, sondern das Drittel eines Drittels oder ein Neuntel, usw. Ist die Entfernung nun achtmal so groß, so multiplizieren wir acht mit sich selbst oder nehmen das Quadrat und setzen 1 darüber, was $^1/_{64}$ macht; wir sehen somit, daß die Anziehung in einer achtmal so großen Entfernung nur den vierundsechzigsten Teil der ursprünglichen Anziehungskraft beträgt.

§ 3. Wie dadurch die Bahn des Mondes um die Erde erklärt wird.

285. Newton prüfte dies Gesetz an der Bewegung des Mondes in folgender Weise. Wir haben gelernt, daß der Mond sich in einer fast kreisförmigen Bahn um die Erde bewegt, wir wissen aber noch nicht, wie dies geschieht. Indessen sind wir jetzt genügend vorbereitet, um zu begreifen, daß der Mond in seiner Bahn lediglich durch die Anziehung der Erde erhalten wird; hörte die Erde plötzlich auf, auf ihn zu wirken, so würde er in gerader Linie davonfliegen, genau so wie ein Stein, der an einer Schnur herumgeschleudert wird, davonfliegt, wenn diese losgelassen wird oder reißt.

286. Wir wollen uns dies an der nachstehenden Zeichnung, in der die Erde durch E und die Mondbahn durch MB dargestellt sind, veranschaulichen und sehen, was daraus folgt. Nehmen wir an, daß in dem Zeitpunkt, wo der Mond nach M gekommen ist, keine Kraft mehr auf ihn einwirkte, was würde dann geschehen? Stillstehen kann der Mond nicht, denn es ist nichts da, das ihn festhält; er würde also den Weg fortsetzen, den er in dem letzten Augenblick verfolgte,

d. h., er würde sich in der geraden Linie MN fortbewegen, die den Kreis in M berührt, und in einer Sekunde, nehmen wir an, bis M' kommen. In Wirklichkeit finden wir aber den Mond in B; es geht daraus hervor, daß die Erde den Mond von M' bis B an sich herangezogen hat. Nun kennen wir die Größe der Mondbahn und können daher berechnen, wie groß der Abstand M'B oder der „Fallraum" ist, um den der Mond in einer Sekunde nach der Erde zu fällt. Derselbe beträgt etwa 1 $^1/_3$ Millimeter.

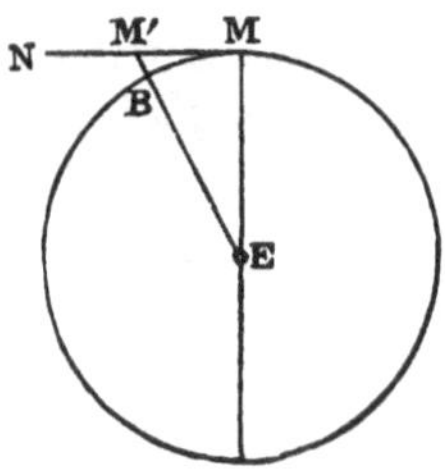

Fig. 48. — Der Fall des Mondes gegen die Erde.

287. Wir machen jetzt die folgende Probe. Nach Abschnitt 280 fällt ein losgelassener Körper an der Erdoberfläche etwa 5 Meter in der ersten Sekunde. Der Mond ist vom Erdmittelpunkt, in dem man sich die gesamte Anziehungskraft der Erde vereinigt denken darf, ungefähr 60 mal so weit entfernt, als die Oberfläche der Erde von diesem selben Punkte absteht. Die Anziehung der Erde in der Entfernung des Mondes ist mithin (Abschnitt 284) 60 mal 60 oder 3600 mal geringer als an ihrer Oberfläche, oder der Fallraum dort ist $^1/_{3600}$ von 5000 Millimeter, das sind

1 $^1/_3$ Millimeter in der Sekunde, was genau mit dem am Monde beobachteten Betrag übereinstimmt.

§ 4. Die Anziehungskraft.

288. Auf diese Weise entdeckte Newton, daß dieselbe Kraft, die einen Stein zur Erde niederzufallen zwingt, den Mond in seiner Bahn um die Erde hält. Damit endeten aber die Entdeckungen nicht; Newton bewies auch, daß die Erde und alle andern Planeten durch die gleiche Ursache in ihren Bahnen um die Sonne erhalten werden. Dasselbe Gesetz der Schwerkraft gilt, so viel wir wissen, auch für die entferntesten Sterne. Alle scheinbar so unregelmäßigen Bewegungen der Himmelskörper sind einem Gesetze, einer Ordnung unterworfen; alle Bewegungen sind wirklich regelmäßig und können daher vorausberechnet werden. Somit wurde durch die Entdeckungen des Gesetzes der allgemeinen Schwere die Menschheit in den Stand gesetzt, nicht nur die göttliche Schönheit und Harmonie des Weltgebäudes, das sie bewohnt, zu verstehen und zu bewundern, sondern auch von den Bewegungen der Himmelskörper Nutzen zu ziehen für das tägliche Leben.

Amtliche Empfehlungen der naturwissenschaftlichen Elementarbücher.

Auf die Eingabe vom 16. Oktober benachrichtige ich Sie ergebenst, daß ich den Gebrauch der in Ihrem Verlage erschienenen naturwissenschaftlichen Elementarbücher in den Elementar-, Mittel- und höheren Töchterschulen, sowie in den Präparandenschulen und Seminarien gestattet habe. Die Herren Bezirkspräsidenten habe ich hiervon in Kenntnis gesetzt und den Gebrauch genannter Bücher namentlich in Seminarien, Präparandenschulen und Mittelschulen empfohlen.

Straßburg i. E., den 17 November 1876.

Der Ober-Präsident von Elsaß-Lothringen,
(gez.) v. Möller.

Karlsruhe, den 16. Mai 1877

Für Schul- und Schüler-Bibliotheken und für Fortbildungsschulen werden empfohlen:

Die naturwissenschaftlichen Elementarbücher für den ersten Unterricht in Elementar-, Mittel- und Töchterschulen. Herausgegeben von T. H. Huxley, H. E. Roscoe und Balfour Stewart. Rechtmäßige deutsche Ausgabe mit Abbildungen. Preis à Bändchen 80 Pfg.

Die Bändchen bieten eine anziehende naturwissenschaftliche Schülerlektüre und verdienen die Aufmerksamkeit der Lehrer wegen der in denselben eingeschlagenen Methode.

Großherzoglicher Oberschulrat.

Ministerialblatt für Kirchen- und Schulangelegenheiten im Königreich Bayern Nr. 13, vom 28. März 1877. Nr. 1945.

An die kgl. Regierungen, Kammern des Innern, die Vorstände sämtlicher Mittelschulen, der Lehrer- und Lehrerinnenbildungsanstalten und die Distriktsschulbehörden des Königreichs.

Staatsministerium des Innern für Kirchen- und Schulangelegenheiten.

Die vorgenannten kgl. Behörden werden hiermit auf die im Verlage von Karl J. Trübner in Straßburg erscheinenden „naturwissenschaftlichen Elementarbücher", herausgegeben von T. H. Huxley, H. E. Roscoe und Balfour Stewart, mit dem Bemerken aufmerksam gemacht, daß dieselben vermöge ihres kurzgefaßten, allenthalben auf das Wesentlichste sich beschränkenden Inhalts, wie mit Rücksicht auf die anregende Form der Darstellung nicht nur zur Benutzung in den Volks- und Töchterschulen, sondern auch zur Anschaffung für die Schülerbibliotheken an den Mittelschulen und Lehrer- und Lehrerinnen-Bildungs-Anstalten durchaus geeignet, und daß von diesem Werke seither 4 Bändchen (Chemie von Roscoe-Rose; Physik von Stewart-Warburg; Physikalische Geographie von Geikie-Schmidt und Geologie von Geikie-Schmidt) im Preise von 80 Pfg. erschienen sind.

München, den 20. März 1877.

(gez). Dr. von Lutz.

Der Generalsekretär Ministerialrat

(gez.) v. Bezold.

Darmstadt, den 2. März 1877.

Von den in Ihrem Verlage erschienenen naturwissenschaftlichen Elementarbüchern, von welchen Sie uns einige Exemplare mitgeteilt haben, haben wir mit großem Interesse Kenntnis genommen und nehmen keinen Anstand zu erklären, daß dieselben, nach Anlage wie Behandlung des Stoffes, unseren vollen Beifall

fander...... Wir haben daher die Direktionen der Gymnasien Realschulen und Schullehrerseminarien, sowie die großherzoglichen Kreisschulkommissionen darauf aufmerksam gemacht, daß sie sowohl zu diesem Zweck, wie zur Anschaffung für Schul- und Volksbibliotheken sehr geeignet seien und mit vollem Rechte empfohlen werden können.

Das Großherzoglich Hessische Ministerium
des Innern,
Abteilung für Schulangelegenheiten.

Dresden, den 10. Oktober 1876.

Auf Ihr an Se. Excellenz den Herrn Staatsminister Dr. v. Gerber gerichtetes bezügliches Gesuch, wird Ihnen hoher Anordnung zufolge mitgeteilt, daß die in Ihrem Verlage erschienenen, sehr zweckmäßigen naturwissenschaftlichen Elementarbücher vorzugsweise zur Anschaffung für Volksschulbibliotheken werden empfohlen werden.

Kultus-Ministerial-Kanzlei,
(gez). Fiedler, Sekretär.

Urteile der Presse:

„Von der Einbürgerung der Science-Primers kann ohne Phrase gesagt werden, daß sie vielen Wünschen entgegenkommt. Niemand, der etwas von der Schwierigkeit in den Naturwissenschaften kennt, hat diese schmucken Bändchen mit ihrem präzisen, tatsächlichen, an erster Quelle geschöpften und anregend geschriebenen Inhalt ohne den Wunsch betrachten können, sie in einer passenden Weise unserem in elementarer Richtung sehr armen deutschen Unterrichtsmaterial zugeführt zu sehen. Die Originale sind meistens ausgezeichnet, und es handelte sich nur darum, die passenden Verdeutscher zu finden..... Erfreulicher Weise ist auch die Übersetzungsarbeit in einer viel sorgfältigeren Weise besorgt, als wir es besonders von unseren Übersetzern aus dem Englischen seit lange gewohnt sind." (Lit. Zentralblatt.)

„Dieses pädagogische Unternehmen verdankt die deutsche Literatur England; Autoritäten ersten Ranges haben sie geschrieben, und bedeutende Gelehrte haben sie unverzüglich ins Deutsche übersetzt . . . . .

In der Tat, für den ersten Unterricht so schreiben, wie diese Elementarbücher geschrieben sind, so freundlich, so lehrreich, so väterlich und in so wenig Worten, dies können nur Gelehrte, die an der Spitze der Vertreter ihrer Wissenschaft stehen. Nur solche vermögen es, dem Kinde die Quintessenz ihres Faches in einer Form zu bieten, die den kleinen Leser anregen und ihn für alle Zeit gewinnen muß. Mit vollem Recht sagt der Übersetzer der physikalischen Geographie, der berühmte Straßburger Zoologe Oscar Schmidt: „Nur das Beste ist gerade genug für die Volksschule." „Eine Anleitung zum Denken und Schließen" soll der erste naturwissenschaftliche Unterricht sein, nicht ein unverdaulicher Ballast von Tatsachen darf die Lernbegierde der Jugend gleich am Beginne ersticken."

(Prof. Peters in der Grazer Tagespost, 1876, 390.)

„Ein wahres Muster einer solchen populären Behandlung der Naturwissenschaften liegt uns in den von den englischen Professoren Huxley, Roscoe und Stewart herausgegebenen naturwissenschaftlichen Elementarbüchern vor. Drei wissenschaftliche Kapazitäten überwachen hier die Popularisierung der Wissenschaft und sorgen dafür, daß die geistige Speise, welche der heranwachsenden Generation dargereicht wird, auch wirklich verdaulich ist. Geist, Kenntnisse und Menschenfreundlichkeit mußten sich verbinden, um uns den Beweis zu liefern, daß eine solche Behandlung der Wissenschaft nicht bloß möglich, sondern auch praktisch durchführbar ist. Diese Elementarbücher sollten in keiner Volksbibliothek fehlen &c."

(Gegenwart Nr. 48. 1877.)

„Das Elementarbuch der Geologie ist unserer Überzeugung nach ein pädagogisches Musterwerk. . . . Wir empfehlen die mit zweckentsprechenden Abbildungen versehenen Büchlein auf das Wärmste."

(Wegweiser durch die pädag. Lit. Nr. 6. 1877.)

„Auf dem geringen Raum von 120 Seiten finden wir die Grundlehren der Astronomie für die Jugend mit pädagogischer Meisterschaft entwickelt. Wie viele mögen wohl mit spöttischer Miene ausrufen: „Astronomie für Volksschüler!" Aber man besehe sich nur diese Astronomie genauer. Da finden wir wohl in dem vorliegenden Büchlein gar nichts, was über die Fassungskraft der Schüler hinausginge."

(Wegweiser durch die pädag. Lit. Nr. 7. 1878.)

„Das Elementarbuch der Chemie gehört unstreitig zu den vorzüglichsten, welche bisher für den ersten Unterricht in der Chemie erschienen sind, da es sowohl durch passende Auswahl des Stoffes als faßliche Behandlung desselben sich auszeichnet."

(Schulfreund. 1877. Heft 2.)

„Die deutsche Volksschule ist um eine wertvolle Reihe von Leitfäden zur Einführung in die Naturwissenschaften bereichert worden. Es sind ganz vorzügliche Leistungen, die durch ihre Wohlfeilheit jeder Familie zugänglich sind."

(Kölnische Zeitung. Nr. 263. 1877.)

„Trotz der Reichhaltigkeit des deutschen Büchermarkts in den einschlägigen Fächern sind mir bis jetzt keine Bücher bekannt geworden, welche, für gleiche Zwecke berechnet, sich den vorliegenden ebenbürtig zur Seite stellen könnten. Es sind meines Wissens unserer Volksschule noch nie so durchaus gediegene Hülfsmittel für den ersten Unterricht in den naturwissenschaftlichen Disziplinen geboten worden. Die Herren Verfasser, zu den berühmtesten Gelehrten Englands gehörend — wer kennt nicht den praktischen Sinn der Engländer? — führen den jungen Schüler durch eine Reihenfolge einfacher Versuche, welche vom Lehrer vor der Klasse auszuführen sind, an der Hand des Experiments und durch Anschauung, bis hinauf zu den Hauptwahrheiten der betreffenden Wissenschaften. Von der nächsten Umgebung und der einfachsten Tatsache ausgehend, wird die Jugend zum Beobachten, zum Nachdenken über die alltäglichen Erscheinungen der Natur angeleitet. Allmählich werden auf diese Weise ihre Anschauungen erweitert, und überall der Gemütsbildung des Kindes sorgfältig Rechnung getragen. Die Sprache ist einfach und leicht verständlich, die Disposition klar und faßlich, und das Verständnis des Ganzen durch zahlreiche Abbildungen erleichtert. Ich kann unserer Schulbehörde nur Dank wissen, daß sie diese vorzüglichen Lehrmittel zur Einführung in unsere Schulen empfohlen hat.

Mögen diese vortrefflichen Büchelchen in Elsaß-Lothringen eine große Verbreitung finden."

J. H. (Elsaß-Lothringische Volksschule.)

Über die Botanik urteilt das literar. Centralblatt 1881, Nr. 48: „Wir wünschen dem kleinen Buch eine recht weite Verbreitung; wer seinen Inhalt ordentlich in sich aufgenommen hat, ist besser vorbereitet als die meisten Abiturienten, die von der Schule meistens nur ein leises Grauen vor Linnés Klassen und dem Staubfädenzählen mitbringen".

„Die vorliegenden neuen Auflagen zeugen dafür, daß die Verlagshandlung es sich angelegen sein läßt, die Bändchen auf der Höhe wissenschaftlicher Forschung zu erhalten und daß sie zu diesem Zwecke ausgezeichnete Männer der Wissenschaft gewonnen hat, die nach dem Tode der ursprünglichen Bearbeiter die nötigen Nachträge und Änderungen besorgen. In der Astronomie ist namentlich die Beschreibung der

Planeten nach den neuesten Forschungen ergänzt, ebenso die der Sterne, Sternhaufen und Nebelflecken. Ein Kapitel über die mitteleuropäische Zeit ist neu hinzugekommen."

(Prakt. Schulmann. 1893. Heft 4.)

Über die Tierkunde von A. Goette urteilt die Literarische Beilage zur Schweizerischen Lehrerzeitung, Mai 1905: „Die naturwissenschaftlichen Elementarbücher sollen ‚nicht schlechtweg Schulbücher im gewöhnlichen Sinne, sondern Einleitung in die jeweilige Wissenschaft für jeden Anfänger sein'. Es sind daher in erster Linie Tiere als Typen für die betreffenden Gruppen etwas eingehender besprochen, die jedermann zugänglich sind. Das Büchlein ist knapp und sehr anziehend geschrieben und — das rechnen wir ihm als Hauptverdienst an — regt sehr an zur eigenen Beobachtung, Kontrolle und Ergänzung des Gelesenen. Die Grundbegriffe werden am Bau des Menschen abgeleitet und darnach Wirbeltiere, Gliederfüßler und Weichtiere besprochen; von den anderen Stämmen sind nur die Grundzüge der Organisation angegeben. Das kleine Werk zeigt, wie man Zoologie und Anthropologie in wirklich anziehender Weise auch in der beschränkten Zeit, die ihnen in der Sekundarschule zur Verfügung steht, behandeln kann".

„Die ‚naturwissenschaftlichen Elementarbücher' sind eine in jeder Hinsicht eigenartige Erscheinung. Für die Hand des Anfängers sind sie bestimmt. Wer aber in ihnen Leitfäden (die ja nach dem Worte eines bekannten Pädagogen „Leidfäden" sind) vermutet, der findet sich angenehm enttäuscht. Nicht eine nüchterne Aufzählung des Notdürftigsten aus dem Tatsachenmaterial der verschiedenen Wissensgebiete enthalten diese Bändchen, sondern eine, wenn auch knappe, so doch lebensfrische Einführung in die wichtigsten Probleme, mit denen sich die betreffende Wissenschaft beschäftigt. Die Erörterung der einzelnen Fragen geschieht in einer durchaus elementaren Form, so daß man die Büchlein jedem Schuljungen in die Hand geben kann; sie führen also ihren Namen mit vollstem Rechte. Trotzdem aber merkt man auf jeder Seite, daß Männer der Wissenschaft sie geschrieben haben, die aus einem reichen Schatze des Wissens das Beste auswählen konnten. Größtenteils sind die Verfasser weithin berühmte Naturforscher. Und das ist von ganz besonderer Bedeutung; denn auf diese Weise werden die Elementarbücher zu einem erfreulichen Zeichen dafür, daß das Vorurteil zu schwinden beginnt, daß ernste, wissenschaftliche Forschung und elementare Darstellung miteinander unvereinbar seien. — Die Bücher sind illustriert und enthalten zumeist im Anhange eine Anzahl von Fragen und eine Anzahl Aufgaben. — Ich glaube kaum, daß unsere Literatur Bücher dieser Art zum zweitenmal aufweisen kann. Jedenfalls sind diese Elementarbücher die besten Einführungswerke, die es gibt. Wir empfehlen sie für alle Schülerbibliotheken der Mittel- und Volksschulen und wünschen ihnen die weiteste Verbreitung."

(Mittelschule und höhere Mädchenschule. 1904. H. 20.)

MIX
Papier | Fördert gute Waldnutzung
FSC® C083411

Zeitfracht Medien GmbH
Ferdinand-Jühlke-Straße 7
99095 Erfurt, Deutschland
produktsicherheit@kolibri360.de